"十四五"普通高等教育本科部委级规划教材

数字动画设计

SHUZI DONGHUA SHEJI

杨春燕　夏一霖 ◎ 编著

U0279877

中国纺织出版社有限公司

内 容 提 要

本书包括理论篇和实践篇两大部分，第一章、第二章为理论部分，侧重介绍了动画的发展概况、动画的艺术特点与分类、动画的制作流程；并对动画剧本创作、故事板设计和角色设计等动画基础原理与方法进行了案例式的剖析。第三章至第六章为实践部分，实践部分以生动具体的案例全面介绍使用Animate CC 2020软件进行动画制作的方法和技巧。内容包括软件基础工具的使用，图形图像、文本、音视频、元件和库等动画素材的使用，补间动画、引导层动画、遮罩动画等简单动画的制作，骨骼动画、交互动画、角色动画等高级动画的制作，发布设置、跨软件协同工作等案例的介绍。

本书将理论知识与实践操作紧密结合，适用于高等院校及教育培训学校的动画设计相关专业，也是广大动画制作爱好者的参考用书。

图书在版编目（CIP）数据

数字动画设计 / 杨春燕，夏一霖编著 . —— 北京：
中国纺织出版社有限公司，2021.11
"十四五"普通高等教育本科部委级规划教材
ISBN 978-7-5180-8955-0

Ⅰ . ①数… Ⅱ . ①杨… ②夏… Ⅲ . ①动画制作软件
－高等学校－教材 Ⅳ . ① TP391.414

中国版本图书馆 CIP 数据核字（2021）第 203970 号

责任编辑：谢婉津　　责任校对：王蕙莹　　责任印制：王艳丽

中国纺织出版社有限公司出版发行
地址：北京市朝阳区百子湾东里 A407 号楼　邮政编码：100124
销售电话：010—67004422　传真：010—87155801
http: //www.c-textilep.com
中国纺织出版社天猫旗舰店
官方微博 http: //weibo.com/2119887771
北京通天印刷有限责任公司印刷　各地新华书店经销
2021 年 11 月第 1 版第 1 次印刷
开本：889×1194　1/16　印张：13.5
字数：263 千字　定价：68.00 元

前 言
PREFACE

数字媒体是近几年兴起的热门行业，数字动画设计是基于数字化和网络化技术，在传统动画的基础上从理论到实践进行创新的技术。它既有传统动画艺术的特点，又有着鲜明的时代特征。

动画艺术具有无中生有、亦真亦幻的特点。一张空白画布上，寥寥数笔，一个活灵活现的"东西"就动起来了，能哭能笑，可以生老病死、喜怒哀乐，也可以天马行空、变化无穷。借助时间和画面，仿若真实的生命在银幕上活动。从艺术观察人生，体悟生命的真与幻，是动画艺术独特的魅力。

技艺者，无技不成艺。动画亦然，特别是创作数字动画，既需要了解传统动画的技艺和原理，又需要熟悉动画软件的操作和应用。本书从理论基础部分展开，简要介绍了动画的历史和基本原理，并在实践部分结合翔实的案例和具体的操作，将理论知识引入实践，以帮助读者逐步掌握数字动画的制作原理和软件技术。

著名印度哲学家克里希那穆提指出，有两种不同的学习方法：一种是我们所熟悉的知识和技能的积累，另一种是在当下的纯然觉知。前者基于模仿、阅读、试错和练习等，是由思想指导的活动，后者则是静默地观察世界和自我的活动。在思想的静默中，一个人便可能观察到整个人类的痛苦、快乐、恐惧和慈悲。要学习一门技艺，过去的知识和技能是必要的，而创造力来自对生命、对自我、对思想的深刻洞察。在教学中，师生要注意观察生活，体悟生命的本质与动画技艺的内在联系。

学习是一段未知的旅程，我们共同的目标始终是心灵的解放和自由。希望本书能够抛砖引玉，成为高等院校数字媒体专业、计算机专业、动画专业及各类社会培训机构与动画爱好者的参考用书。

全书由嘉兴学院杨春燕、夏一霖编著，由于作者的经验和水平有限，数字媒体技术日新月异，本书难免有不足之处，欢迎广大读者批评指正。

本书附有配套教学资源，包括各章教学 PPT、案例的操作视频、案例的素材与源文件，可扫描书中二维码观看或下载。

杨春燕

2021 年 6 月

教学内容及课时安排

章/课时	课程性质	节	课程内容
第一章 （4学时）	理论篇 （16学时）	·	**数字动画概述**
		一	动画发展概况
		二	动画的艺术特点与分类
		三	动画的制作流程
第二章 （12学时）		·	**数字动画制作基础**
		一	剧本创意
		二	故事板设计
		三	角色设计
第三章 （8学时）	实践篇 （48学时）	·	**软件基础工具介绍**
		一	Animate CC 2020界面和工作区
		二	图形图像的创建与编辑
		三	文本的创建与编辑
第四章 （20学时）		·	**简单动画制作**
		一	元件与库的使用
		二	时间轴与帧
		三	制作不同补间动画
		四	引导层动画和遮罩动画
第五章 （16学时）		·	**高级动画制作**
		一	制作骨骼动画
		二	制作交互动画
		三	制作角色动画
第六章 （4学时）		·	**多媒体对象与发布设置**
		一	多媒体对象的应用
		二	发布设置
		三	跨软件协同工作案例

注　各院校可根据自身的教学特色和教学计划对课程时数进行调整。

目 录
CONTENTS

理论篇

实践篇

第一章

数字动画
概述

—

学时

4学时（讲课4学时）

基本要求

了解动画的基本概念、动画的起源、动画的发展与现状，理解动画的艺术特点与基本分类，了解Animate动画软件的发展背景，掌握Animate动画制作的基本流程。

重　　点

动画的概念、动画的起源、动画的发展与现状。

难　　点

动画的艺术特点与分类。

教学内容

1. 动画发展概况
2. 动画的艺术特点与分类
3. 动画的制作流程

第一节　动画发展概况

内容结构

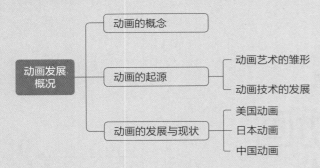

- 动画发展概况
  - 动画的概念
  - 动画的起源
    - 动画艺术的雏形
    - 动画技术的发展
  - 动画的发展与现状
    - 美国动画
    - 日本动画
    - 中国动画

学习目标

　　通过学习掌握动画的基本概念，理解视觉暂留原理与动画的关系；了解动画起源与发展过程，理解早期影视动画技术对动画发展的影响，比较中、日、美三国动画的发展变化。

一、动画的概念

　　动画一词的英文为"Animation"，解释为赋予某物某人生命，它的本质是运动。从字面上理解，"动"是指画面中各视觉元素或形象的变化和运动，"画"是每一张或每一帧静止时的画面。而动画之所以可以动起来，主要是依据人的视觉暂留原理，按照一定的规律，通过连续播放一系列画面，给视觉造成连续变化的效果。

　　医学已经证明，人类具有"视觉暂留"的特性，就是说人的眼睛看到一幅画或一个物体后，在1/24秒内不会消失。

　　动画就是利用这一原理，在一幅画还没有消失前播放出下一幅画，给人造成一种流畅的视觉变化效果。电影采用了每秒24幅画面的速度拍摄播放，电视采用了每秒25幅（PAL制）（中央电视台的动画就是PAL制）或每秒30幅（NSTC制）画面的速度拍摄播放。如果以每秒低于24幅画面的速度拍摄播放，就会出现停顿现象。

　　随着计算机技术的不断更新与发展，传统动画与现代计算机技术的结合越来越紧密，于是出现了数字动画，实现了动画技术的创新与发展。简单地讲，数字动画就是借助计算机软件技术、互联网技术、运动捕捉技术等新兴媒体技术，结合传统动画的视听表达语言、剪辑技巧制作而成的符合现代审美趋向的视频。

二、动画的起源

（一）动画艺术的雏形

　　动画艺术的起源可追溯到距今两三万年前的旧石器时代，考古发现西班牙北部山区的阿尔塔米拉洞穴内绘制了很多壁画，其中就有一头快速奔跑的野猪，它的形象丰富、造型逼真，更令人惊讶的是这头野猪的腿重复绘制了多次，这使得原来静止的形象产生了视觉动感，这应该是人类最早使用绘画的形式记录的具有动画意义的形象。如图1-1所示。

考古研究在5200年前伊朗的沙赫苏赫提（Shahre Sukhteh）发现的陶碗上，它的碗周围画有五幅连续的图像，看起来像是山羊跳起来啃树叶的连续动作。如图1-2所示。

在埃及贝尼哈桑公墓中发现了一幅大约4000年前的埃及壁画，这是一系列非常长的图像，描绘了摔跤比赛中的一系列连续的动作。如图1-3所示。

早在公元前1000年，中国人就已经发明了一种旋转的灯笼玩具。当灯内的烛火燃烧时，产生的热力造成气流，令轮轴转动。在灯的各个面上绘制古代武将骑马的图画，当灯转动时图像便不断走动，看起来好像几个人你追我赶一样，故名走马灯。

以上均是动画艺术的雏形，真正的动画技术起源于19世纪伟大的科学家、艺术家对动画技术的不断尝试而做出的巨大贡献。

（二）动画技术的发展

1824年英国的彼得·马克·罗杰特（Peter Mark Roget）先生，在发表的论文《关于移动物体的视觉暂留现象》里提出了"视觉暂留"现象的说法。这一说法提出后，相继被很多科学家、艺术家用于动画技术的实践中。

1825年英国人约翰·A.帕里斯发明了幻盘（或称留影盘，Thaumatrope），它是一个纸板圆盘，在圆盘边缘附近的相对点附有一条丝线或绳子，并在每一面印有图案的组成部分。当扭转丝线旋转圆盘时，可以看到画面的两个部分交替出现，形成完整的图像。最著名的例子是一侧有一只鸟，另一侧有一个笼子，它们结合在一起，看起来似乎鸟在笼子里。如图1-4、图1-5所示。

1832年比利时人约瑟夫·普托拉发明了诡盘（Phenakistiscope），与幻盘原理相似，在盘状装置的边缘按照顺序绘制上连续运动的分解图，在机器的带动下，圆盘以一定速度旋转，通过观察窗口能看到连续运动的画面，这就是原始动画的雏形。

1868年约翰·巴恩斯·林内特（John Barnes Linnett）获得了第一本翻页书的专利权。该书每一页都画有一系列动画图像，用户通过拇指控制释放的页

图1-1 阿尔塔米拉洞穴野猪图

图1-2 沙赫苏赫提陶碗上山羊啃树叶的连续动作

图1-3 埃及壁画上的摔跤比赛

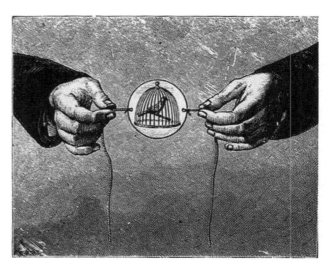

图1-4 由Fitton William Henry Fitton博士制作的鸟笼幻盘

数和速度。此发明经常被早期的电影动画师作为他们的灵感来源。如图1-6所示。

1876年法国发明家埃米尔·雷诺（Charles-Émile Reynaud）发明了光学影戏机（Praxinoscope），并于1877年获得专利。它在圆柱体的中心周围均匀地放置了十二个矩形镜，每个镜子反射圆筒内壁上相对放置的图片条的另一图像。旋转时，影戏机逐个显示连续图像，从而产生流畅的动画效果。如图1-7所示。

1906年美国人詹姆斯·斯图尔特·布莱克顿（J. Stuart Blackton）制作了世界上第一部动画片《滑稽脸的幽默相》，它由黑板图纸制成序列，这些序列显示了脸部表情的改变和雪茄烟雾的飘滚，并实现了简单的动画序列的剪切。如图1-8所示。

1908年法国人埃米尔·科尔（Émile Cohl）制作了《幻影集》（Fantasmagorie），这被认为是第一次用负片制作动画片，从概念上解决了影片载体的问题，为今后动画片的发展奠定了基础，他被称为现代动画之父。该片由700张图纸组成，作品充满了"意识流"设计风格，它借用布莱克顿的制作方法，使用"粉笔线效果"，将艺术家手上的主角画在相机上。这部电影在其所有的狂野转变中，都是对那时被遗忘的非相对运动的直接致敬。如图1-9所示。

1914年美国人伊尔·赫德（Earl Hurd）发明了新的动画制作工艺"赛璐璐片"，它可以利用透明的塞璐璐片将静止的背景和活动的人物分层绘制，再重叠拍摄，这大大减轻了动画家们的工作量，成为动画工业最重要的技术基础之一。

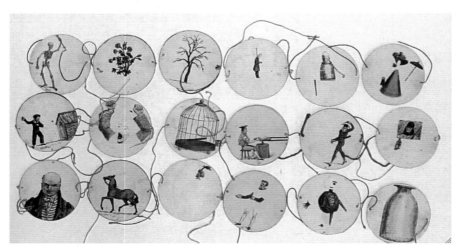

图1-5　巴黎最初的幻盘套装（1825年，Richard Balzer Collection）

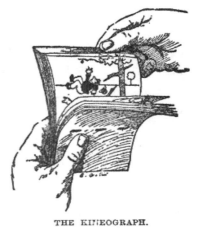

图1-6　约翰·巴恩斯·林内特的第一本翻页书

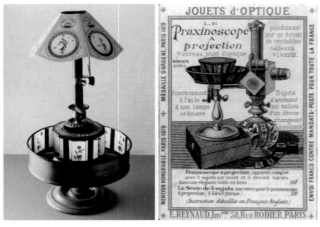

图1-7　光学影戏机

图1-8　《滑稽脸的幽默相》

图1-9 埃米尔·科尔与《幻影集》

三、动画的发展与现状

（一）美国动画

美国的动画电影可以追溯到1906年，早期的动画多数以静音描绘魔术行为，时常与新闻片一起发行，大部分比较简陋。随着布莱克顿和科尔的成功，越来越多的艺术家开始尝试动画。其中一位艺术家是温莎·麦凯（Winsor McCay）精心制作了详细的动画片，最著名的电影包括《小尼莫》（1911年）、《恐龙格蒂》（1914年）和《卢西塔尼亚沉没》（1918年）。由帕特·沙利文（Pat Sullivan）成立的纽约动画工作室制作了由漫画家和动画师奥托·梅斯默（Otto Messmer）执导的《猫王菲利克斯》（Felix the Cat）成为20世纪20年代最流行的卡通形象。1915年麦克斯·佛雪发明了转描机（图1-10），可以将真人电影中的动作转描在赛璐珞片上或纸上然后进行艺术处理。他在1916～1929年创作的《墨水瓶人》（图1-11）和《小丑可可》（Koko the Clown）就是利用转描机和动画技巧创作出了活灵活现的角色动作。

20世纪30年代美国动画进入黄金时期，沃尔特·迪斯尼是美国企业家、动画家、配音演员和制片人。作为美国动画产业的先驱，他获得了22项奥斯卡奖、两项金球奖特别成就奖和艾美奖等荣誉奖。他于20世纪20年代初搬到了加利福尼亚州，并与他的兄弟罗伊一起建立了迪士尼兄弟工作室。凭借乌布·伊沃克斯（Ub Iwerks），沃尔特于1928年设计出了卡通角色米老鼠（图1-12），成为世界上最受欢迎的银幕形象之一。随着工作室的发展，迪士尼变得更具冒险精神，推出了同步声音动画，长篇漫画和相机技术的发展，推动了其在动画领域的进一步创新，并创造了很

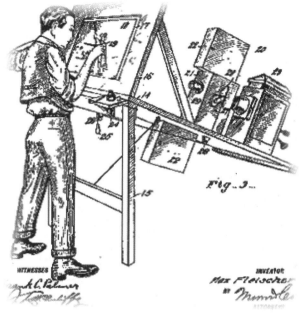

图1-10 转描机

图1-11 《墨水瓶人》

图1-12 《米老鼠》

多经典的动画作品，比如《白雪公主和七个小矮人》（1937年，图1-13）、《木偶奇遇记》《幻想曲》（1940年，图1-14）、《小飞象》（1941年，图1-15）和《小鹿斑比》（1942年），进一步推动了动画电影的发展。

同时期迪士尼公司的主要竞争对手之一就是

Fleischer Studios，该公司为派拉蒙电影公司制作漫画，塑造了《贝蒂小姐》（*Betty Boop*，图1-16）、《大力水手》（*Popeye the Sailor*，图1-17）系列和《超人》漫画，《大力水手》的受欢迎程度可与《米老鼠》相媲美。此外，还有美国的华纳兄弟、米高梅公司、华特·兰兹等诸多动画制作公司。

从20世纪90年代初到21世纪初的几年，美国现代动画被称为"美国动画的文艺复兴时代"。在此期间，许多大型美国娱乐公司在20世纪60年代至80年代普遍衰落之后对其动画部门进行了改革和重振。自1965年沃尔特·迪斯尼去世后，1979年唐·布鲁斯成立了苏利文·卢兹制作公司与迪士尼直接竞争，这对迪士尼是一次重大打击。

1988年，华纳兄弟拍摄了《谁陷害了兔子罗杰》真人和动画混合的喜剧侦探电影，这部电影获得了巨大的成功，赢得了四项奥斯卡奖，重新唤起了人们对影院动画的兴趣，并吸引了人们对动画历史和技术的深入研究。如图1-18所示。

图1-13 《白雪公主和七个小矮人》

图1-14 《幻想曲》

图1-15 《小飞象》

图1-16 《贝蒂小姐》

图1-17 《大力水手》

图1-18 《谁陷害了兔子罗杰》

20世纪90年代开始出现新的动画系列，主要针对成年人和青少年，比如《辛普森一家》进入大众视野，如图1-19所示。并因其对美国文化、家庭、整个社会和人类状况的讽刺而广受好评。同时，计算机动画开始兴起，利用计算机生成图像以增强动画序列和真人特效。《阿甘正传》（1994年）在很大程度上利用电脑特效营造了汤姆·汉克斯与总统肯尼迪和约翰逊握手的假象，并制作出一个惟妙惟肖的双腿截肢者，赢得奥斯卡特效奖。

图1-19　《辛普森一家》

1995年，迪士尼与皮克斯（Pixar）合作制作了《玩具总动员》，如图1-20所示。这是第一部完全使用计算机生成的图像制作的故事片，从此计算机动画电影受到广泛欢迎。

2001年，梦工厂凭借计算机动画电影《怪物史莱克》（图1-21）获得了巨大的成功，击败了迪士尼当年夏季发行的《亚特兰蒂斯》。梦工厂成为迪士尼在动画电影中的一个主要竞争对手。

20世纪90年代后期，使用Adobe Flash动画软件制作的Flash动画电影兴起，并通过互联网迅速传播。而目前，虚拟现实、运动捕捉、互联网技术等已经成为动画行业的常态表现。可见，美国动画对全世界的动画产生了深远的影响。

图1-20　《玩具总动员》

（二）日本动画

日本动画的发展可追溯至20世纪20年代，当时日本电影工作者把西方最新的动画制作技术带到日本，并开始尝试制作动画。已知最早的日本动画是拍摄于1917年的《塙凹内名刀之卷》（图1-22），这是一部两分钟的动画短片，讲述了一个武士拿别人试他的新刀，反而被打败的故事。

1918年，日本开始制作第一部以日本原著《桃太郎》改编的同名短篇动画电影，如图1-23所示。随后，日本做了很多动画制作的尝试。

图1-21　《怪物史莱克》

20世纪60年代初期，漫画大师手冢治虫成立了虫制作动画公司。该公司于1963年制作了第一部电视动画《铁臂阿童木》（图1-24），随即成为日本非常受欢迎的动画。

20世纪60年代末至70年代初，日本动画开始向不同故事题材发展，手冢治虫开始制作适合成人观看的动画电影，包括大量性感刺激和艺术题材的动画，制作了《一千

图1-22　《塙凹内名刀之卷》

零一夜》《埃及妖后》和《哀伤的贝拉透娜》，其中《哀伤的贝拉透娜》（图1-25）成为当时最成功的电影之一。

20世纪80年代日本动画在日本国内开始成为主流电视节目之一，经历了日本动画史上第一个黄金时期。当时《高达》系列和高桥留美子的职业生涯才刚刚开始。

从90年代开始，日本动画在海外市场上愈来愈受欢迎。1995年，《阿基拉》（图1-26）、《兽兵卫忍风帖》和《攻壳机动队》成为国际有名的动画电影。同时，日本电视动画如《新世纪福音战士》（图1-27）和《星际牛仔》等亦吸引了世界各国观众，尤其是西方的动画迷的注视。

2002年，宫崎骏凭《千与千寻》（图1-28）于柏林电影节中得到金熊奖，并在第76届奥斯卡金像奖中得到"最佳动画长片"奖。《攻壳机动队2：无罪》

图1-23 《桃太郎》

图1-24 《铁臂阿童木》

图1-25 《哀伤的贝拉透娜》

图1-26 《阿基拉》

图1-27 《新世纪福音战士》

图1-28 《千与千寻》

图1-29 《攻壳机动队2：无罪》

（图1-29）亦在2004年戛纳影展上映。发展至今，日本动漫行业已经非常成熟。在日本，一个出名动漫的周边产品可以非常多，比如书（包括杂志、各种画册、乐谱）、游戏、CD、各种影像，以充分挖掘受众的购买力，吸引更多不同层面的受众。

（三）中国动画

中国动画始于20世纪的民国时期，当时人们对动画非常着迷，但中国动画长期以来一直受到迪士尼和日本动画的影响。直到1926年万氏兄弟在上海制作了一部叫《大闹画室》的动画短片，开启了中国动画艺术的新篇章，如图1-30所示。

1941年，万氏兄弟推出了中国第一部动画长片《铁扇公主》（图1-31），中国动画进入了发展阶段。成立于20世纪50年代的上海美术电影制片厂先后摄制美术片428部，创作了《大闹天宫》（图1-32）、《骄傲的将军》《小蝌蚪找妈妈》（图1-33）、《阿凡提》《牧笛》等优秀国产动画片，获得了包括丹麦欧登塞童话电影"金质奖"、柏林国际电影节"银熊奖"、中国电影"金鸡奖""童牛奖""华表奖"等在内的200多个奖项。

1994年之后，上海美术电影制片厂尝试进行商业化运作的动画电影，这期间中央电视台相继推出了几部有一定影响力动画片，如《大头儿子和小头爸爸》《蓝猫》等。

随着全球数字科技、互联网技术的发展与进步，数字动画在国内得到了新的发展，《喜羊羊与灰太狼》（图1-34）、《熊出没》（图1-35）等成为家喻户晓的作品；影院动画也取得了巨大成功，如《大圣归来》《大鱼海棠》（图1-36）和《白蛇：缘起》无论在动画制作、编剧和宣传上，都对中国动画产生了积极影响。2019年上映的《哪吒之魔童降世》（图1-37）反响强烈，中国动画被赋予新的时代意义。

图1-30　《大闹画室》

图1-31　《铁扇公主》

图1-32　《大闹天宫》

图1-33 《小蝌蚪找妈妈》

图1-34 《喜羊羊与灰太狼》

图1-35 《熊出没》

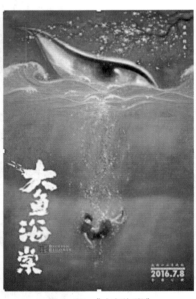

图1-36 《大鱼海棠》

图1-37 《哪吒之魔童降世》

内容结构

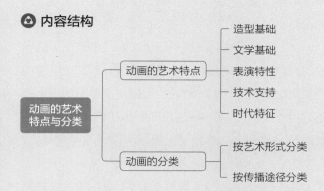

学习目标

通过学习理解造型基础、文学基础、表演特性、技术支持、时代特征等动画艺术特点，掌握按艺术形式和传播途径进行的基本动画分类。

一、动画的艺术特点

动画是一种活动的视觉艺术形式，是运用动画技术所创作的动态影像，是一种集美术、电影、文学于一体的综合艺术。因此，动画艺术具有以下几个特点。

（一）造型基础

大部分动画都是以绘画或其他造型艺术形式作为人物造型和空间环境造型的主要表现手段。它与实拍电影中的真人角色不同，需要通过造型艺术的手段对角色进行夸张、比喻、象征、寓意、拟人等处理，从而达到突出角色形象特征、构建影片整体视觉艺术基调的目的。无论是传统的平面动画，还是目前主流的数字动画都离不开美术造型的基础。

（二）文学基础

动画虽然是一门以视觉表现为主的艺术，但它在故事情节的设置、角色形象的塑造、意识内涵的表达上都需要文学的支撑。所以，文学编剧和美术造型是动画艺术创作的两个重要基础，美术造型决定了动画的视觉表现形式，文学编剧则决定了一部动画的灵魂，只有两者有机统一，才能塑造出有血有肉的角色形象，才能吸引观众的注意。

（三）表演特性

影视表演是真人扮演角色，是在摄像机面前表演情节内容的艺术。虽然动画具有表演的特性，但它与真人表演又存在一定的不同。动画片中的所有形象都是导演、动画师根据剧本的设定而创造出来的，这就需要创作者通过自己的认知水平去分析与认识角色，以表演的技巧去塑造角色，赋予角色特定的动作、表情、情绪和情感。所以，动画表演往往是动画师根据角色所处的情境、他们的所需所想而画出来或构想出来的，它存在一定的想象成分和虚拟性，同时也比真人表演更具创造性和夸张性。

（四）技术支持

动画艺术与其他艺术最大的区别在于它不仅是一门综合艺术，更是一门综合技术。动画艺术的发展离不开技术的不断革新，每一次技术的革新也为动画艺术带来源源不断的创作灵感。从动画启蒙开始，科学家们就不断探索新的技术，电脑技术让传统二维动画进入了无纸动画时代，大大节省了时间和精力、降低了制作成本。随着计算机应用的扩展，三维动画技术、虚拟现实技术和影视特效等技术将为观众带来全新的视听享受。

（五）时代特征

纵观动画的发展历史，从早期动画的幻盘、魔术幻灯等视觉玩具的发明，它们成为当时的一种时尚戏法；而照相技术的发明、西洋镜的流行、光学影戏机的出现，使动画成为家喻户晓的娱乐项目；随着虚拟现实等数字科技的发展，将动画艺术推入了新时代的发展潮流中，成为时代特征的象征和文化精神的表现。

二、动画的分类

动画没有严格的分类方法，一般有以下几种。

（一）按艺术形式分类

根据动画的艺术表现形式和制作方法，可分为平面动画、立体动画和电脑动画。

1. 平面动画

平面动画最早是在纸面上进行绘制的，以纸面绘画为主，采用"逐个拍摄"方法，以每秒24格的速度放映到银幕上，是最接近绘画、最常见、最古老的动画形式。根据动画的表现风格又可将平面动画分为单线平涂动画、水墨动画、剪纸动画和其他艺术形式的动画。

（1）单线平涂动画是平面动画形式中最常见的一种动画技巧，它工艺简单，易于操作，即在单线画的形象上涂上各种均匀的色块。一般动画形象的造型都是采用单线平涂，因为在做动画的时候它易于保持形象的统一和稳定。单线平涂起源于漫画的美术形式，常见于日本动画。例如，《三个和尚》（图1-38）、《大闹天宫》《白雪公主》《猫和老鼠》（图1-39）、《蜡笔小新》（图1-40）、《千与千寻》等。

（2）水墨动画是将传统的水墨画引入到动画制作中，运用现代动画制作技法将浓墨重彩的水墨韵味进行渲染和体现。早期的中国水墨动画都是在宣纸上自然渲染，通过赛璐璐片分层拍摄，每一个场景就是一幅出色的水墨画。1961年完成的《小蝌蚪找妈妈》（图1-41）是世界上第一部水墨动画片，该动画具有强烈的民族特色和文化内涵，将中国动画推向了一个新的高度，并得到了国际同行的认可。在数字技术快速发展的当今，传统的水墨动画也有了新的载体和表现形式。比如2003年入选计算机图像技术盛会"SIGGRAPH2003"的三维水墨动画《夏》（图1-42）正是用Maya软件搭建和渲染而成的。

（3）剪纸动画是将剪纸艺术运用于动画片设计制作的一种艺术表现形式，主要借鉴了皮影戏和剪纸等传统艺术。1926年洛特·雷妮格制作了世界上最早的剪纸动画《阿基米德王子历险记》（图1-43），1958年

图1-38 《三个和尚》

图1-39 《猫和老鼠》

图1-40 《蜡笔小新》

图1-41 《小蝌蚪找妈妈》

图1-42 《夏》

万古蟾拍摄了中国第一部剪纸风格的动画片《猪八戒吃西瓜》（图1-44），为中国美术片增添了一个新的表现形式，令人耳目一新。此外，还有《狐狸打猎人》《葫芦兄弟》等剪纸风格动画片。

（4）其他艺术形式的动画，例如用普通铅笔、粉笔、钢笔、蜡笔、油彩、水粉、水彩、沙子等工具制作的动画片，比如《老人与海》《种树的牧羊人》（图1-45）。有意创造不自然的视觉效果，具有强烈的实验性和怪异、荒谬感，表现抽象意念，比如古巴的《黄色潜水艇》（图1-46）。还有麦克斯·佛雪利用转

描机创作的《墨水瓶人》和《小丑可可》，此外还有《白雪公主》《铁扇公主》《半梦半醒的人生》。俄国人亚历山大·阿列塞耶夫所发明的特殊动画技巧——针幕动画，原理是将光线投射在由几千个细针组成的面板上，细针的运动形成了影像，把影像塑形之后拍摄下来，再以各种工具制作出光影层次、质感和立体感，比如《荒山之夜》《鼻子》（图1-47）。

2. 立体动画

立体动画又称动作中止动画（定格动画），它和平面动画的区别在于有上下、左右、前后三维的体

图1-43 《阿基米德王子历险记》

图1-44 《猪八戒吃西瓜》

图1-45 《种树的牧羊人》

图1-46 《黄色潜水艇》

积，而平面动画唯有面积。从这个区别来看，立体动画的制作比较接近真实电影的思考方式，但是在拍摄方式上却有很大的不同。立体动画的代表片种就是偶动画。偶动画的制作材料主要有黏土、木头、金属、玻璃、橡胶、塑胶等。黏土的可塑性很强，塑造形象时可随心所欲，但缺点是在强灯连续照射下，容易变形且不光滑，变形后不容易复原。比较有名的黏土动画有《小鸡快跑》（图1-48）、《超级无敌掌门狗》《小羊肖恩》《圣诞夜惊魂》《僵尸新娘》等。此外，木偶动画也是偶动画中常见的一种表现形式，在动画影片中有极其重要的地位。我国的第一部木偶片是1947年拍摄的《皇帝梦》，其他还有《神笔马良》（图1-49）、《阿凡提的故事》等。

3. 电脑动画

随着计算机的普及应用，动画技术也发生了翻天覆地的变化。常见的电脑动画有二维动画、三维动画、合成与特效。从20世纪后期开始，动画就开始利用电脑进行上色、合成等制作，随着电脑技术的不断革新，现在的二维动画已经发展到完全无纸化的数字化状态，它大幅提高了动画制作的速度，节约了制作成本。常见的二维动画软件有Animate（以前的Flash）、Animo、Softimage、Us Animation、SimpleSVG、After Effect、PhotoShop等。1995年皮克斯制作的《玩具总动员》开创了三维动画的时代。三维动画可以创建一个虚拟的空间，开拓了动画表现的超现实效果。常见的三维动画软件有3D MAX、Maya、CINEMA 4D等。合成与特效，一般应用于影视制作中，利用电脑里的遮罩或是蓝屏、绿屏的功能，将两种素材合成在一起，是实拍影片结合电脑特效的基本技巧，它扩展了影视拍摄的局限性，在视觉效果上弥补了拍摄的不足，如《谁陷害了兔子罗杰》《加菲猫》（图1-50）、《精灵鼠小弟》《美女与野兽》《爱丽丝梦游仙境》《帕丁顿熊》（图1-51）等。

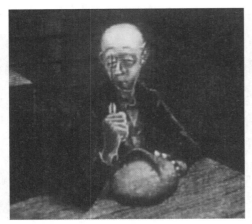

图1-47 《鼻子》

图1-48 《小鸡快跑》

图1-49 《神笔马良》

图1-50 《加菲猫》

图1-51 《帕丁顿熊》

（二）按传播途径分类

1. 影院动画

影院动画片分为短片与长片。影院动画片的叙事结构类似于传统戏剧，具有明确的因果关系、鲜明的角色性格、完整的起承转合，以冲突引领剧情前进，最终以解决冲突作为结束。影院动画片在镜头语言方面包含了丰富的镜头运动、多变化的景别、多层次的色彩与灯光、严谨的场面调度、规范的运动轴线等。导演运用各种视听手段来讲述故事，追求超越实拍电影的视觉冲击。影院动画片中时常运用摇拍镜头或是大远景来表现壮阔的画面，这也是影院大屏幕的特殊表现力。

2. 电视动画

为了在电视上播放而制作的动画片，一般称为"电视动画系列片"。电视动画片的时间有5分钟、10分钟、20分钟几种规格。电视动画片一般以量取胜，所以它的制作工艺遵循多、快、好、省的流程，在角色动作设计、背景制作上更简单化，上色更随意化。因此，制作成本比影院动画片低廉许多，播出后要求得到及时的反馈和较好的经济效益。

3. 网络动画

网络动画（web动画）全称"Original Net Anime"，直译为"原创网络动画"，又简称为ONA。指的是以互联网作为最初或主要发行渠道的动画作品。网络动画具有短、平、快的效果，近几年通过Animate、PhotoShop、After Effect等软件制作的动画已被大众广泛接受。

2010年中国网络动画开始兴起，网络动画的长短（大多10分钟一集）、类型（如打斗）与其他的国产动画有所不同，中国网络动画作品较知名的有《十万个冷笑话》（图1-52）、《尸兄》（图1-53）等。

图1-52 《十万个冷笑话》

图1-53 《尸兄》

内容结构

动画的制作流程
- Animate 动画软件简介
  - Animate 简介
  - Animate 动画特点
  - Animate 动画应用领域
- Animate 动画制作流程
  - 前期
  - 中期
  - 后期

学习目标

通过学习了解 Animate 软件的基本内容和 Animate 动画特点，掌握 Animate 动画软件的主要应用领域，并熟悉 Animate 动画制作流程中前、中、后期的相应工作内容。

一、Animate 动画软件简介

（一）Animate 简介

Adobe Animate 是由 Adobe 开发的多媒体创作和电脑动画制作软件（图1-54）。Animate 可用于设计矢量图形和动画，并发布到电视节目、网上视频、网站、网络应用程序、大型互联网应用程序和电子游戏中。该程序还支持位图、文本、音频和视频的嵌入以及 Action Script 脚本应用。可以以 HTML5、WebGL、Scalable Vector Graphics（SVG）动画和 Spritesheet 以及传统 Flash Player（SWF）和 Adobe AIR 格式发布动画。

Adobe Animate 的前称是 Adobe Flash Professional 或 Macromedia Flash，它最初是由乔纳森·盖伊（Jonathan Gay，图1-55）成立的名为 Future Wave 的软件公司于 1995 年所开发设计的流式播放和矢量动画制作软件 Future Splash Animator。1996年12月，Macromedia 收购了 Future Wave，并将该产品重命名为 Macromedia Flash，2005年 Adobe 收购了 Macromedia，并重命名产

图1-54　Adobe Animate　　　图1-55　乔纳森·盖伊

品为 Adobe Flash Professional；2015年12月1日，Adobe 宣布该软件将在下一次重大更新中命名为 Adobe Animate，更名之后除了保留原有功能以外，还新增了 HTML5 动画的开发。

（二）Animate 动画特点

1. 交互性强

交互性是 Animate 动画最具特点的优势，符合现代新兴媒体的主流传播形式，能更好地满足受众的需求，有利于提高目标消费者的体验感和兴趣值。

2. 矢量化

Animate动画的矢量化使其比传统动画更加清晰、简洁、明快，具有独特的视觉效果，同时不受像素的制约，整体文件较小，不受网络资源的制约。

3. 便捷性

Animate动画都是矢量化的图形，具有文件小的特点，便于在网络上传输、播放和下载；同时，Animate动画制作相对简单，比较容易掌握，专业人士和业余爱好者都可迅速上手；在制作过程中多台机器可相互协同合作，有利于提高工作效率，减少人力、物力资源的消耗。

4. 表现力强

Animate是一款兼具多种功能及操作简易的多媒体创意工具，它的表现力较强，不仅可以应用于二维数字动画的设计与制作，也可以进行交互式的商业应用，及游戏开发设计、网站设计等方面的创作。

（三）Animate动画应用领域

Animate诞生之初主要被用作网络广告的设计与制作，随着互联网的飞速发展，网络广告依然是其主要应用领域，尤其是带有一定交互功能的网络广告、网站片头、交互游戏等；矢量卡通动画具有小、平、快、表现力强的特点，大量的无纸动画采用Animate软件制作完成；此外，带有一定交互性、个性化的多媒体教学课件或宣传短片也是其主要的应用领域。在媒体大融合的时代，Animate的应用领域已经渗透到我们生活的方方面面。

二、Animate动画制作流程

（一）前期

前期创作阶段，主要是做些准备工作，比如主题的策划、素材的搜集、故事脚本的改编与创意，导演还要根据故事内容对画面分镜头进行初步的构思与设计。

（二）中期

中期是动画制作周期中耗时最长、最需人手的环节，包括角色的造型设计、场景设计、镜头画面设计、动画制作等工作。镜头画面设计一般会制作成动态设计稿供动画制作人员参考，一些成本低的动画片，经常会将镜头画面设计省略。在Animate中制作动画与制作传统动画最大的区别就是，需要先创建角色的元件，并把角色的各个运动关节分别拆分，方便后面的动画调试工作。Animate可以随时输出，进行测试并优化，简单的动画可以直接进行作品发布。

（三）后期

后期处理阶段，主要工作是完成镜头的组接及录音，有的动画会进行先期录音，这样可以更好地掌握动画的时间节奏、故事情节的发展和气氛的传达。除此以外，可以用After Effect（AE）或Premiere（Pr）为镜头添加一些简单的特效，如镜头的景深、明暗关系、烟雾闪电等特效。最后，就是合成输出。

本章习题

1. 什么是视觉暂留原理？
2. 什么是动画？
3. 数字动画与传统动画有什么区别？
4. 哪位发明家解决了影片载体的问题？
5. 中、日、美动画发展与现状如何？
6. 动画的艺术特点有哪些？
7. 动画的分类有哪些？
8. 现代互联网技术和电脑技术对动画发展与表现形式有什么影响？
9. Animate动画特点是什么？
10. Animate动画的应用领域有哪些？

第二章

数字动画
制作基础

—

学时

12学时（讲课12学时）

基本要求

了解动画设计的原理，掌握撰写剧本、绘制故事板、设计角色造型和动作以及动作时间的基本方法。

重　　点

创意来源和概念设定、叙事剧本的三要素、故事板的功能和类型、角色造型的创意来源和标准造型图、角色的姿势和表情设计、动作的时间设计。

难　　点

撰写剧本，绘制故事板，设计角色造型、动作以及动作时间。

教学内容

1. 剧本创意
2. 故事板设计
3. 角色设计

第一节 剧本创意

内容结构

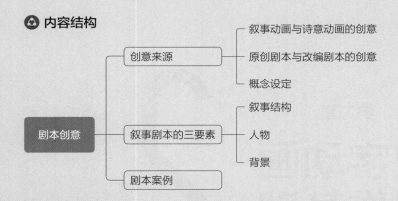

创意来源 ——— 叙事动画与诗意动画的创意
—— 原创剧本与改编剧本的创意
—— 概念设定

剧本创意 —— 叙事剧本的三要素 —— 叙事结构
—— 人物
—— 背景

剧本案例

学习目标

了解动画的创意来源，开拓思路，了解不同类型的动画和剧本不同的核心和侧重点，了解概念设定的内容和作用。了解叙事剧本的三要素，探讨叙事动画与现实生活的关系。掌握剧本写作的基本方法。

本小节涉及的案例：三幕式短片剧本。

一、创意来源

动画创作的出发点是一个或一组有意义的创意。创作的过程就是将创意落地、化为实体。一般的工作流程是根据导演对影片的总体构思进行设计和制作，利用可感知的艺术形象与观众开展交流。创作过程中也可能出现修改最初的想法甚至推倒重来的情况。动画艺术家科瓦廖夫认为："有时候，那些最初的想法会迷失在滚雪球的制作过程中，也许只有在影片结束的时候它们才会重新显现，有的时候它们会成为作品的主题，有的时候是作品中的重要场景。"

动画的创意如果指向一个故事，那么之后的工作就会围绕着叙事来开展，如果指向诗意，就可能弱化甚至取消叙事，工作重心转向诗意的表达。二者并不是截然分立的，叙事复杂同时又饱含诗意的影片也是存在的，不过在篇幅较小的短片中往往会选择侧重其一。

动画的创意可分为原创和改编，很多动画艺术家的作品两者都有包含，这和其他门类的艺术家的情况是类似的，毕竟艺术创意的出处归根结底是同一颗心灵。

创意在转化为文字剧本之前，可以先撰写概念设定，用于介绍动画项目的基本情况，确立大致方向。

（一）叙事动画与诗意动画的创意

1. 叙事动画的创意

侧重叙事的艺术由来已久，其核心就在于讲述一个生动的、扣人心弦的故事，通过塑造人物性格、展现人物关系的发展来表达主题、唤起情感、引发思考。故事的核心是冲突。《编剧的内心游戏》一书中作者认为优秀故事的一大特点是强调角色内心的转变。比如《勇敢传说》和《千与千寻》中，作为主角的两位女孩虽然身处的时代和环境不同、经历的事件也大不相同，但都在影片中实现了内心的成长，提升了勇气与智慧。如图2-1、图2-2所示。

2. 诗意动画的创意

侧重诗意表达的非叙事艺术同样具有悠久的传统，其形式有诗歌、散文、音乐等。非叙事艺术表现的主要内容可能是美好的情操、深沉的思想、和谐的心境等，注重富有韵律的形式感，也可以是艺术形式上的探索和实验。

在中国诗意动画《山水情》和《牧笛》中，尽管也有简单的叙事情节，但侧重表现的是天地造物（人与自然环境、人与人、人与动物）之间的和谐有感，心意相通。例如《山水情》中弟子学琴有成，在

湖边弹琴时，鱼儿纷纷游来聆听；老师仰头望天，见老鹰离开小鹰，促使小鹰独自翱翔、继续成长，便将自己的琴赠予弟子后离开，弟子以琴曲赠别老师。这种直觉感应和内敛深沉的情感，是东方文化和智慧的重要表现，如图2-3所示。《牧笛》中，当牧童的笛声响起，牧牛就安静下来，表现出喜悦，体现了音乐的魅力与自然和谐的意境，如图2-4所示。

比尔·普林顿的独立动画《你的脸》和《戒烟的25种方法》分别围绕脸和戒烟的主题，以戏谑的态度、夸张的动作展现了导演打破常规的奇思妙想，就像一首首荒诞诗。如图2-5、图2-6所示。

图2-1　《勇敢传说》的主角

图2-2　《千与千寻》的主角（中）

图2-3　《山水情》

图2-4　《牧笛》

图2-5　《你的脸》

奥斯卡·费钦格一系列的音乐实验动画摒弃了具象的角色和叙事，集中探索了图形、色彩与音乐的结合，在抽象的形式感中展现了运动变化自身的诗意。如图2-7所示。

（二）原创剧本与改编剧本的创意

1. 原创剧本的创意

"艺术来源于生活。"一般来说，创作者对亲身经历最有感触，所见所闻、所感、所思、所做乃至没有做的都可能成为创作的灵感源泉。以此为核心创作的剧本，称为"原创剧本"。

苏联动画师诺尔斯金在27分钟的动画短片《故事中的故事》中，以他童年的回忆和幻想为基础写成剧本，并融进了当时苏联的现实生活。1979年制作的这部影片，其中的房子和废弃汽车都拍摄于诺尔斯金成长的地方。如图2-8所示。

科瓦廖夫认为："如果你感到孤独，你即是不自由的。如果你不自由，你就无法解决自身和他人的问题。"他将《安德烈·斯维特斯基》（图2-9）、《家有鸡妻》（图2-10）、《窗中鸟》（图2-11）视为关乎人类孤独与自由的三部曲。这些作品中的夫妻、主仆都无法摆脱相互猜疑、深陷孤独的关系状态。他还认为，任何艺术，譬如绘画，它必须打动你，但你不一定非要看懂它。所以一部电影首先应该是有趣的，这个趣味来自导演的内心，导演必须以自我为出发点进行创作。

日本动画家今敏在《我的造梦之路》一书中谈及动画长片《千年女优》的创作过程。不同于以上导演自发创作的独立短片，《千年女优》是动画制作公司Madhouse在认可今敏的前一部作品《未麻的房间》的

图2-6 《戒烟的25种方法》

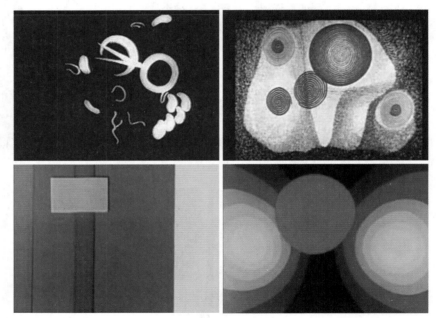

图2-7 奥斯卡·费钦格作品集

图2-8 《故事中的故事》

图2-9 《安德烈·斯维特斯基》

图2-10 《家有鸡妻》

图2-11 《窗中鸟》

前提下，邀请他创作的新片。制片人希望能再次体现出之前作品中"错觉画"的感觉。"刚接到委托时，无论是企划也好，笔记也好，我们提出了许多不着边际的想法。那些想法可以说都是憋出来的。我没有私下提前准备好企划的习惯，虽然会将平时的琐碎想法收集起来，但是将这些拓展成企划，也只有'紧急时拿它来充数吧'这样的程度。"

当时提出的企划之一是老婆婆讲述混乱一生的《Ghost Memory》（暂名），后来发展成了《千年女优》，如图2-12所示。今敏最初的想法是："曾经被称作'女影星'的老婆婆本应讲述自己的一生，但是她的记忆混乱了，过去演过的各种角色也混了进来，

成了波澜壮阔的故事。"后来又加入了"架空"等概念，慢慢形成了最后的故事。

2. 改编剧本的创意

人类有一颗共同的大心灵，这让我们有机会理解彼此的处境，在他者身上照见自我。有时，阅读文本和观看作品会让人产生强烈的触动和共鸣。创作者把对他人文本作品的理解和感悟融入其中，创造出新文本并以剧本形式呈现的，称为"改编剧本"。

短片《种树的人》（图2-13）改编自让·吉奥诺的同名小说，短片《道成寺》（图2-14）、《火宅》（图2-15）改编自能剧剧目，长片《大闹天宫》（图2-16）改编自吴承恩的小说《西游记》。

图2-12 《千年女优》

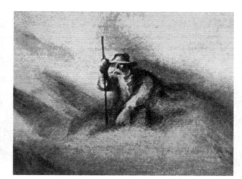

图2-13 《种树的人》

图2-15 《火宅》

图2-14 《道成寺》

图2-16 《大闹天宫》

心灵的智慧超越历史、国别和民族,《不射之射》(图2-17)这部动画作品的创作就是很好的例子。1985年,川本喜八郎和上海美术电影制片厂联合创作了这一短片。该片取材于中岛敦的小说《名人传》,讲述了春秋战国时期的青年纪昌学习箭术、领悟箭道的故事,其事迹在《列子》等中国古代典籍中亦有记载。影片阐述了"射"的最高境界在于"不射"的道理,体现了清静无为的思想。

心灵虽来自同一个源头,但具体结构却可能大相径庭,由此产生了艺术创作的多元化现象。由同一个文本改编的动画作品可以具有截然不同的风格和趣味,就是很好的例证。比如动画长片《哪吒闹海》(图2-18)和《哪吒之魔童降世》(图2-19)都改编自明代小说《封神演义》中哪吒的故事,但它们在立意、基调、情节、人物方面都有很大的区别,体现了不同时代主流思想之间的差异。

首先,立意和基调不同。《哪吒闹海》强调个体对整个旧秩序的反叛与抗争,基调是悲壮的。《哪吒之魔童降世》则强调个体打破世俗偏见、扭转自身命运,基调是欢乐的。

其次,立意和基调的差异使得两部影片在情节设置和人物塑造方面也大不相同。

闹海哪吒对社会秩序的反抗,对外体现在与龙王一伙恶势力的斗争上,对内体现在他以死终止父子关系的决绝上。封建制度强调君臣父子的上下级关系,但哪吒打败龙太子、制伏龙王,可谓是以下犯上;他的父亲李靖不敢忤逆龙王,面对龙王覆灭全家的威胁,他骂哪吒"连累父母",举剑欲杀之。哪吒说:"爹爹!你的骨肉我还给你!"随后自刎。这一幕令影片悲壮的情绪达到高潮。重生后的哪吒终于打败龙王,造福了乡亲。影片塑造了一个英勇无畏的小英雄形象。

魔童哪吒因为魔丸的身份备受偏见、命中要遭受天劫。哪吒以恶作剧的方式对抗偏见,体现了孩童的特点。他偶然结识了龙太子敖丙,后者因妖族身份同样遭受偏见,两人成了朋友。当昔日好友成为对手,哪吒化解危机后却没有伤害敖丙。敖丙也在哪吒承受天劫时,与他一同承担。最终两人在太乙真人的帮助下扭转了天劫杀死魔丸的命运,虽肉身泯灭,仍留下灵体可待重生。哪吒打败敖丙一幕和遭受天劫一幕以

图2-17 《不射之射》

图2-18 《哪吒闹海》剧照

图2-19 《哪吒之魔童降世》剧照

强烈的视觉效果先后将影片推向高潮。影片还加入了很多奇幻、喜剧、打斗的情节，比如哪吒在唯美的江山社稷图中学习法术，太乙真人用指点江山笔任意更改图中景色，带着哪吒畅游幻境，哪吒学会法术后设计捉弄太乙真人，气氛欢乐又热闹。影片塑造了一个内心寂寞、重视友情与亲情、试图改变自身命运的英雄形象。

（三）概念设定

在动画创作的前期阶段，通过撰写概念设定，能够帮助创作者将模糊的想法加以梳理，使接下去的工作方向更加明确。《动画叙事技巧》一书认为，目的明确是概念设定中重要的部分。

概念设定一般包含以下内容：

1. 基本信息

①作品的类型是什么？叙事、非叙事；原创、改编；独立短片、商业广告、公益广告、影院长片、电影预告片、片头动画等。

②观众是谁？动画课的老师和同学、家人、网络平台的观众、电影节评委等。

③片长多少？30秒、3分钟、10分钟、两小时等。

④创作的目的是什么？表达一个有趣的想法、对某个过去的人或事释怀、宣传公益活动、售卖商品等。

⑤多久完成？两个星期、3个月、半年等。

2. 作品基调

真诚的、静谧的、有趣的、有教育性的、疯狂的、恐怖的、悲壮的、欢乐的等。

3. 故事情节

可以用一两句话描述。

4. 主题

它是故事中存在的深层信息，即这个故事"到底讲的是什么"。

下面以笔者仍在修改和创作的动画短片为例：

《感受生命》（暂名）概念设定

作者：夏一霖

1. 基本信息：私人项目；诗意短片；时长3~5分钟；观众为亲友等；创作目的是表达对生命、死亡与新生的感悟；3个月完成。

2. 作品基调：感性、梦幻、超现实的。

3. 故事情节：女修行者在巨大的女性身体内忆及故友的离世，见证新生命的诞生，随后借破茧而出的蝴蝶的命运，道出自己的志愿：聆听生命永恒的流动——自我在静谧中自然地消解、重生、再消解、再重生……

4. 主题：生命的死亡与新生是不可分割的，就如同大海的潮汐。

二、叙事剧本的三要素

剧本是创意落向实处的重要工具，一般以文字形式呈现。

动画作品大多是讲故事的。故事讲得好，剧本就成功了。当我们欣赏一部优秀的动画影片时，往往会被主人公的遭遇所牵引，与其同欢喜、共悲伤，不知其接下来的命运如何而急切地想知道下文。看完影片后时隔多日，一些细节逐渐模糊，但重要情节仍可能记忆犹新，人物性格还历历在目。如果将动画叙事的艺术提炼为要素，那么由情节构成的叙事结构和在银幕上活动的人物是少不了的，另外还有包含了人物冲突层面的叙事背景。后者是人物活动的时空、行动的条件和约束等。

（一）叙事结构

导演讲述的故事，正是由一系列的故事情节按照叙事结构组合而成的。最常见的一种叙事结构是三幕式结构，一般是这样的：第一幕交代角色和环境，展现角色遇到的问题；第二幕角色试图解决问题，但往往会遭遇矛盾和冲突（趋向故事高潮）；第三幕角色解决了问题（完美解决的封闭式结局，或是又引发了新问题的开放式结局）。下面以《和尚与飞鱼》为例加以说明。

第一幕：和尚在湖边冥想，突然他被跃出水面的鱼打断了。如图2-20所示。

第二幕：和尚试图抓住这条"捣乱"的鱼。一开始他就遭遇了失败。他试图忘记它，可是未果。他继续抓鱼、继续失败，每次失败都让他更加忘不了这条鱼。连他落入水中，也不忘紧紧追在鱼的后面。就这样，他追赶着鱼，忘记了其他的一切。如图2-21所示。

第三幕：和尚看到鱼怡然自得地在空中飞，他变得安静了。他们非常和谐，一起穿过时空，慢慢旋转、上升、远去。如图2-22所示。

三幕式结构简洁、明快，非常适合动画短片。其实，在动画长片中，也能看到三幕式结构的基本构成，即角色遇到问题、试图解决问题、问题解决。只不过长片常常包含更多角色、更多情节，因此在叙事结构上往往更加复杂，拥有更多发挥的空间。比如，根据松本大洋同名漫画改编的日本动画长片《恶童》，其基本叙事结构是主角黑因宝町城拆建感到自

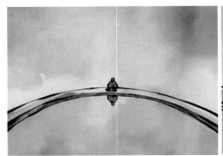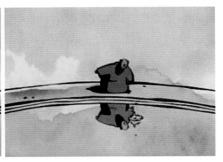

图2-20 《和尚与飞鱼》第一幕

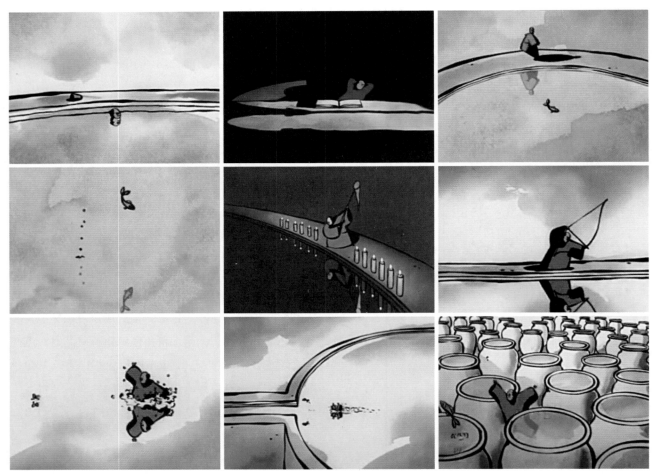

图2-21 《和尚与飞鱼》第二幕

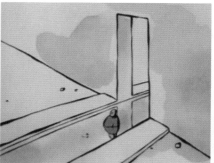

图2-22 《和尚与飞鱼》第三幕

己的领地被侵犯，他与敌对势力展开各种斗争，最终他得到白的救赎，一同在海边嬉戏（即远离纷争）。除了黑、白两个主角（图2-23），影片中还有黑社会的铃木和木村、警察藤村和泽田、流浪汉源六、神秘组织头目蛇等诸多角色登场，围绕宝町城拆建这一核心事件，各个人物的情感欲望交织在一起，形成了多条叙事线索，主次分明，同时又穿插有序，形成了一曲跌宕起伏、扣人心弦的灵魂堕落与救赎之歌（图2-24）。

图2-23 《恶童》黑、白主角

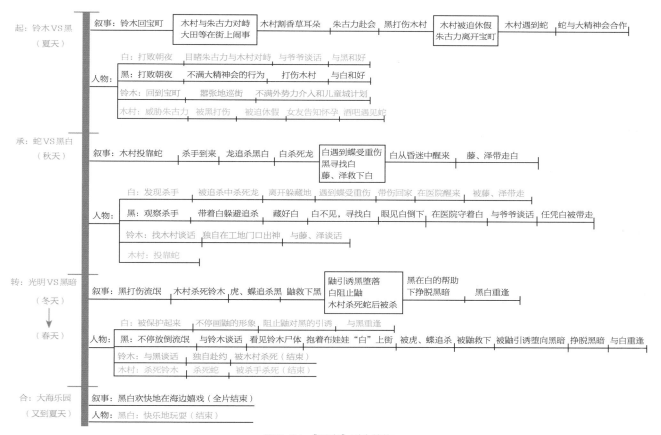

图2-24 《恶童》剧本结构

（二）人物

经典剧作书《故事》认为："我们对故事的欲望反映了人们对捕捉生活模式的深层需求……是一种非常个人化和情感化的体验。"这句话似乎隐含着以下的意思：当我们不断追求故事时，我们其实渴望了解其背后的生活模式（以便在我们自身的生活中加以应用），这种了解最终通过观众个人化和情感化的体验得以实现。如果我们认同这一观点，就相当于认同"情感体验在叙事艺术中的重要地位"。影片作者将自己含蓄的情感和价值观通过艺术的形式传达给观众，观众获得的情感体验来自影片的人物、艺术风格、故事情节、音乐等诸要素形成的整体感受，以及观众原有的经验。

在叙事艺术的情感体验中，人物是重要的媒介。我们愿意看到银幕上的角色承受压力、试图解决自身遇到的问题，我们期望他们最终能成功，就像希望自己也能解决生活中各种麻烦一样。有时，我们对他们突然展现的另一面感到吃惊不已，随后却可能坦然接受，就好像我们平时压抑的情感、无法说出的欲望随着角色的转变而得到了释放。"人物性格真相在人处于压力之下做出选择时得到揭示——压力越大，揭示越深，其选择便越真实地体现了人的本性"，于是我们看到各种角色在银幕上接受人性的考验，无论其表现是堕落、升华，还是如如不动的大智慧，都让我们照见自身的可能性，促使我们对自身的生活发问。在《编剧的内心游戏》中，作者认为故事"真正重要的是内心游戏，它是主要角色的心路历程以及是如何变化的。"同样以《恶童》为例，黑的内心世界和外部世界相互影响，起初他感到领地受侵犯，便以凛冽之姿突袭黑社会本部并获得了成功，这让他感到自己仍然是有力的。随着神秘组织的介入，蛇派出的杀手格外强硬，重伤了白，这让黑感到无力和沮丧，在对自身极度失望的状态下，他受到内心阴暗面的吸引，渴望获得更多的力量。他离开白，走入孤独的迷途。之后，在杀手们的刺激下，迷惘的他终于更深地投向阴暗的怀抱，杀意萦绕在他的周围，他戴上了象征死亡的面具，将杀手一一杀死。然而他的灵魂仍徘徊在光明与黑暗之间，直到白的呼唤穿过重重迷障，将阴暗驱散，黑选择重新回到人间。另一个主角白的内心始终交织着美好与悲伤，他梦想着去海边，他种下苹果种子渴望见证生命的诞生，他始终能感受到黑内心的变化，随着黑内心黑暗力量的猛涨，白的净化力量也迅速爆发，直达黑的灵魂。两位角色内心的变化多借由梦境（动画擅长的表现领域）直观、感性地呈现给观众。

（三）背景

"故事的背景是四维的——时代、期限、地点和冲突层面。"

1. 时代

动画艺术的特点是"无中生有"，因此在时代的选择上，相比影视或舞台艺术，有更大的自由度。故事既可以发生在过去某个历史时期，也可以发生在现代或未来，甚至在不同时空来回穿梭。如果故事发生在幻想世界，那么时代完全可以是未知的。不管人物生活在哪个时代（哪怕是未知的），也必然受到时代背景的影响，这种影响力不仅体现在科技的发展水平和生活的物质条件方面，而且体现在社会制度、信仰、价值观等精神层面上。此外，时代的重要矛盾（比如战争、资源匮乏与污染等）也会对人物的成长和生活造成重要影响，构成不容忽视的背景因素。

2. 期限

期限指的是故事的跨度有多长，比如《和尚与飞鱼》的故事发生在白天，经历了一个晚上，又到白天，因此时间跨度约为两天；《恶童》的故事开始于夏天，经历了秋冬的艰难时光，影片结束时又是一个夏天，因此时间跨度约为一年。有时影片会用很短的篇幅简要地叙述跨度很长的情节，有时则反过来，用大量的篇幅详细地展现发生在一天、甚至一个小时内的情节。屏幕上篇幅的长短，取决于情节的重要程度。

3. 地点

地点指的是故事发生的空间位置，也许是地图上能找到的地理位置，也许是幻想世界中的某个地方；如果故事发生在多个地点（比如不同的时空、同一座城市的多条街道，或者同一栋房子里的多个房间等），那么地点之间的位置关系也需要事先确定。

4. 冲突层面

（1）外部冲突与内部冲突。

这是剧作理论中经常使用的一种分类方法。前者指自我与他者的冲突，比如亲子、情侣、师生之间的冲突，又如群体与群体、国家与国家之间的冲突，再如人与自然之间的冲突。后者指自我内心的冲突，比如哈姆雷特的经典自问句"生存还是毁灭"（To be or not to be）。故事不仅能展现人类生活中的外部冲突，而且能揭露隐藏在外部表象下的内在冲突。《编剧的内心游戏》重视对角色内心冲突的展现，认为外部冲突是次要的。人物的内在冲突引发外部冲突，制造混乱。克里希那穆提（J. Krishnamurti，世界心灵导师）则指出，在真正的冥想中并没有外部和内部之分，就像大海的涨潮和落潮。虽然看上去似乎是不同的运动，但其实是同一片海水的同一个运动。

（2）冲突的根源。

克里希那穆提指出："观察者与所观之物之间的划分便是冲突的根源。"❶他举例说，当我发怒时，并不存在一个愤怒的我，存在的只有愤怒。所以，愤怒即是我，所观之物与观察者是同一个，没有划分。但是思想很快创造出了"我"，说道"我发怒了"，并且产生了"我不应该发怒"的念头。于是，愤怒与不应该发怒的我之间的划分导致了冲突。

（3）冲突的层面。

当观察者与所观之物被划分为我和非我，二元对立就产生了。冲突的层面可借鉴肯·威尔伯（Ken Wilber，超个人心理学家）的意识理论。他在《意识光谱》一书中将人类意识划分为十个层次❷。除了被称为"一味"的不二境界，其他每个层次都有自我与非我的划分，这种划分产生了碎片，意识一旦困在碎片中，视域就变得狭窄。例如，初级二元对立是主观与客观、机体与环境的划分。全球的生态问题正是因为人类将包含其他物种在内的整个自然环境从人类世界中划分出去，视为非我的存在，认为"我是一个人

类而自然在我之外"，于是视域的焦点便限制在了人的利益和需要上，人类与自然的冲突便无法终结。初级二元对立一旦产生，就会进一步分化，即大碎片会分裂成更小的碎片。比如，认同人类的意识碎片可能会根据宗教、国家、民族等的划分进一步碎裂成更小的碎片。意识碎片进而分化，就会产生个体与他人的划分，认同"我是一个个体而他人在我之外"，意识的视域聚焦于个体的利益，当两个个体的利益碰撞时冲突就产生了。个体意识进一步分化，就可能将肉体从意识中划分出去，仅认同精神为自我。"我的身体"这一说法就已经把"肉体"视作我所拥有的客观之物（不是我），将其从完整的机体中分离出去了，于是精神与肉体方面的冲突也就随之而生，比如对身体禁欲的问题、过劳死的问题等。意识对精神也会进行分化和"清洁"，把坏的、不愉快的，从自我中清除出去。被认可的意识部分构成了更为狭隘的"自我"，不被认可的部分构成了"阴影层"❷，后者充斥着各种被压抑的恐惧和被排斥的欲望。"自我"假装"阴影层"不存在，但后者并未真的消失。结果就是当"阴影层"的恐惧和欲望再次出现时，"自我"拒绝承认"是我恐惧""是我想要"，反而将之投射于外界，认为"某某是可怖的""我没有错，错的都是某某"，陷入认知错误引发的关系问题中。

（4）动画影片对冲突的揭露与表现。

人类的故事中充满了种种不懈的努力，试图利用知识、价值判断、道德与法律、权威人物与组织、艺术活动等各种各样的手段来终结冲突，但都失败了，尽管人类一次次获得了局部的、短暂的成功。真诚的影片借助故事向观众展现人的努力、欢愉和与之相伴的痛苦，揭露人类存在的矛盾和冲突。例如，宫崎骏的《幽灵公主》（图2-25）、《风之谷》（图2-26）、《天空之城》（图2-27）、《百变狸猫》等影片都集中反映了人类欲望与自然的冲突关系，并将"爱"视作建立人与自然和谐的途径。

庵野秀明的《新世纪福音战士（TV版）》（图2-28）动画中男主角碇真嗣突然被长年未见面的父

---

❶ 克里希那穆提. 从破碎到完整：人生的转化［M］. 桑靖宇，程悦，译. 北京：九州出版社，2010.
❷ 威尔伯. 意识光谱［M］. 杜伟华，苏健，译. 沈阳：万卷出版公司，2011.

亲接去，父亲没有任何嘘寒问暖，立刻命令他驾驶人形机甲，和被称为"使徒"的入侵者决战。碇感到非常痛苦，他害怕父亲，试图反抗却仍不得不遵从他的命令；在驾驶机甲的初期，他无法熟练地控制新的机甲身体，精神与身体之间产生了强烈的矛盾。人类与入侵者之间一成不变的冲突关系在碇和渚薰（隐藏的身份是第十七使徒）的朋友关系中产生了变化，受到质疑。

今敏的《未麻的房间》《红辣椒》等影片都反映了人被压抑的潜在欲望向外投射的现象，这种投射活动将他人视作造成自己痛苦的根源，试图占有对方、消灭对方。例如《未麻的房间》（图2-29）中女歌手未麻的经纪人将自己未实现的梦想（成功的欲望）投射到未麻身上，并将未麻视作自己的化身。当她认为未麻已经不再纯洁、不能实现自己的那个梦想时，就萌生了杀死她并取而代之的欲望和行动。

冲突在今天依然广泛存在，表现为局部战争、谋杀、精神官能症等，物质丰富和科技发达无法解决人存在的焦虑和困惑。控制和压迫的手段都是无济于事的——这样只会造成更多的分裂。自我能否看到造成一切冲突的正是自我本身？这个自我由过去的记忆、知识、价值判断等构成，总是以有限的过去看待全新的当下，始终活在"应该是什么"的限制中，就像透过一个小孔去看真相。透过小孔，意味着能看到的只有碎片，但碎片却被当成了全部。这种错误使人无法单纯地活在真相中，反而丧失了自由，成为过去的奴隶。

（5）冲突的终结。

克里希那穆提指出："冲突的终结，便是作为智慧形式之一的最高能量的累积"❶，一个人若想终结冲突，务必要了解如下基本原理："观察者与所观之物在心理上没有区别"。当所观之物（比如愤怒）出现时，观察者与所观之物没有划分。那么，接下去会发生什么呢？冲突会彻底终结吗？一切是否像克里希那

图2-25 《幽灵公主》

图2-26 《风之谷》

图2-27 《天空之城》

图2-28 《新世纪福音战士（TV版）》

图2-29 《未麻的房间》

❶ 克里希那穆提. 从破碎到完整：人生的转化［M］. 桑靖宇，程悦，译. 北京：九州出版社，2010.

穆提所说的那样：愤怒（即是我）会膨胀，就像花儿盛开，然后自然地萎缩、凋谢、消失？

三、剧本案例

案例1：商业广告

《天呐噜！啥果味？》剧本（第2稿）

作者：赫晓彤、闫文文、张莹丽

时长：30秒左右

地点：实验室　人物：薛定谔

第一幕

薛定谔手持滴管和锥形瓶，将滴管中的液体滴入芬达瓶内。然后把猫从旁边的盒子里抱出来，将芬达瓶放进去。

第二幕

薛定谔头上出现气泡框，想象饮料会变成什么味道，果味饮料和茶味饮料在气泡框中不断切换，薛定谔眉头越皱越紧。他把对话框挥去，打开了盒子，出现了一瓶蓝色的芬达，便拿出来。

第三幕

薛定谔喝了一口蓝色芬达，发出惊叹：天呐噜！啥果味！

附：广告目标和市场调研情况

1. 广告目标

推广新产品，传播快乐幽默的品牌形象。以"脑洞"为核心，引发消费者好奇心。

2. 市场调研情况

● 新产品主要面向年轻的消费群体，广告覆盖面为全国各大城市。

● 新产品主题是脑洞和新奇，与同类产品相比，没有明确将新产品口味告诉大家，而是引起大家的好奇心，去购买产品，是一种比较有创意的销售策略。

● 市场现状：果汁型碳酸饮料较少；其消费者多为年轻人；消费者注重饮料的味道和解渴度。

● 同类产品现状：广告多为年轻、活泼、欢乐的氛围；一直在追求口味的创新。

案例2：商业广告

《恋恋夏日水果物语》剧本（第2稿）

作者：陈谭洁、任婉卿、宋紫菀、黄舒润

第一幕

一群水果坐在沙滩的椅子上面对大海。正中午十二点的太阳十分的刺眼，其中一只梨子觉得太热了，把手伸长，拿过遥控器摁下按钮。此时，变成了下午六点的太阳，但是西瓜不满，于是把遥控器抢过来换成了十二点的太阳。梨子再次把遥控器抢过，摁了按钮又被西瓜夺去，反复之后两个水果就打了起来。

第二幕

在不断的争夺过程中，遥控器被两个水果抢来抢去。突然遥控器脱离了他们俩的控制掉在了地上。只听"咯吱"一声，可怜的遥控器被路过的青柠踩了一脚。水果们齐齐伸出手表示震惊，然后扶着脸。青柠装作什么都没有发生的样子，尴尬地走开了。（镜头一转）草莓优雅地将掉落在地上的遥控器捡起，开始摁了一下，抬头看天空没有反应，然后疯狂地按，结果天空的太阳仍然未能改变。她才意识到原来遥控器已经坏掉了。

第三幕

中午十二点的太阳，毒辣的阳光很快就把大家变成了水果干，突然西瓜一个箭步冲向海里，大家也纷纷艰难地爬向大海，大海突然开始咆哮，海里卷起了漩涡，把他们纷纷都沉入了海底（其实是饮料杯底）。青柠最后一秒爬上了水杯，然后坐在杯口静静地撑起小伞、喘了一口气。（显示饮料广告语）

案例3：公益短片

《深海》剧本（第2稿）

作者：胡梦姿、赵珊珊、汪钰歆、沈冰清

第一幕

大海表面很平静。水下，鱼儿们在穿梭，水母在自由地跳舞，小螃蟹在嬉戏打闹。在海洋的深处，屹立着一栋巨大的建筑，看外形像一个科学实验室。实验室的周围绕着一排排冷色的灯光，仿佛将实验室隔绝在外一般。实验室的自动式大门缓缓打开，进门便能看到一根白色的柱子，上面贴了一面墙的纸，因为隔着一些距离，所以只能看清上面鲜红的几个大字：今日空气污染指数280，五级污染，据昨日呈上升趋势。

实验室被一条通道分割为左右两边，两侧也分别有其他密闭的房间门，周围传来了叮叮咚咚做实验的声音，除了讨论工作的时候以外，大家都显得十分紧张。在通道的最里面有一个控制台，一只红色的大章鱼正在认真地用自己的触手操纵着仪器，他面前的显示器监控着实验室内外的一切，其中外围的监控设备上都有一个不同寻常的标记。

与此同时，二楼的玻璃边上贴着一只好奇的小鱼，用它那天真可爱的大眼睛朝外望，还时不时扭头看看身边的大鱼，好像在问：妈妈，我们为什么不能出去。

（补充说明：实验室是多层复合式的构造，第一层是四周封闭的设计，四周只有一扇门与外界连接。二楼是一个半透明的圆弧式设计，里面有许多的鱼儿游着，屋顶有一个类似圆盘形状的装置，不知里面藏了些什么。）

第二幕

突然，响起了警报声。大鱼搂着小鱼离开了玻璃。

实验室内控制器的屏幕从刚才的监控画面变成了黑屏，屏幕中间显示着红色的低能源警示，并且伴随着警报声。屏幕右下角的时间显示着现在已经夜深。

章鱼停顿了片刻后，按下了休眠的按钮。在这一刻，二楼顶端的圆盘向四周扩散出了黑色的幕布，没一会儿就把整个二楼遮盖住了。周围的环境瞬间变得冷清，实验室周围的灯突然熄灭，在这个时候，实验室周边的环境剧烈地抖动着，像电影碟片卡带一般闪烁，突然变成了另外一幅景象。

海水浑浊不堪，仿佛还伴随着恶臭，原本在海水中欢快打闹的鱼儿们消失了，只剩下了如死亡一般的海洋，隐约还看见了已经死去不知多久的尸骨，原本有可爱小螃蟹的水底泥沙，挤满了大大小小的垃圾，甚至有陆地生物的残骸。

第三幕

过了许久，实验室的大门再次缓缓打开，一条穿着白色防护服、打着探照灯的鱼从门内游出，身后紧跟着另一条穿着相似、拿着吸尘器似的机器的鱼，开始海洋清理和能源回收的工作。

水里只剩下了它们照射出的灯光，仿佛再无其他生命活过的迹象。

第二节 故事板设计

内容结构

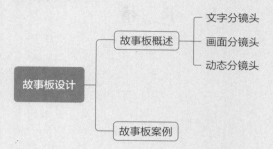

故事板设计 ── 故事板概述 ── 文字分镜头 / 画面分镜头 / 动态分镜头
故事板设计 ── 故事板案例

学习目标

了解故事板的作用、类型和内容，掌握绘制故事板的方法。

本小节涉及的案例：文字分镜头、画面分镜头。

一、故事板概述

故事板，也称为分镜头台本，广泛存在于动画、电影、游戏等领域，是创作人员的重要工具。不管是商业项目、独立动画，还是学生习作一般都会用到。

早期动画片很短，多是一些简单的噱头，没有故事板的概念，直到1928年迪士尼创作了第一部类似连环漫画的《米老鼠》卡通片，这些故事的草图包括了机位、背景和动作的提示。最早使用现代化分镜头台本的动画长片是《白雪公主和七个小矮人》，工作人员绘制了上千张草图，对之后各个流程的制作起到了指导作用。

分镜头台本能够在创作前期阶段，将导演头脑中的想法转化为具体的形象，以文字或图画的形式概要地呈现。这样，创作人员就能够直观地看到作品的整体雏形，便于从整体角度对作品的结构、风格、叙事的张力、镜头元素的安排和声画关系等方面做出统一安排，经反复修改直到满意为止。动画创作是耗时、费力、烧钱的事。分镜头台本能够向潜在投资方比较明确地阐明未来作品的内容、类型与风格等，有利于争取投资；能够有效规避在项目进行到中期后大量返工的风险，降低成本；能为中期和后期制作人员提供可靠的指导，和原画设计等其他前期成果一同降低沟通成本、提高制作效率。

动画分镜头台本要实现叙事的形象化，即"不要讲述故事，而是展示故事"。小说的文字描述会在不同读者的头脑想象中产生不同的形象，动画的艺术形象则更加具体、直观；小说中有些内容是简述的，或意象性的，类似这样的内容如果要在动画中表现就会比较困难，这是由艺术语言的不同特性造成的。

分镜头台本的形式是多样的，从语言角度可分为文字分镜头和画面分镜头，从时间角度可分为静态分镜头和动态分镜头。正式的画面分镜头台本一般包括画面内容、场景号和镜头号、摄法、旁白、音效、音乐、备注等。动态分镜头一般是在静态分镜头基础上，加入时间维度，通过计时来确定整个作品持续的时长、每一幕的时长，乃至每一个场景、每一个镜头的时长，如果场景中包含对话、音效，并且已经制好了，那就把声音加进来帮助计时。动态分镜能让故事生动起来，并且有助于发现问题所在，进而做出相应的调整，比如调整某个情节的详略、改动情节的先后顺序、加入新的情节等。在进入中期，开展工作量浩大的动画制作之前，动态分镜恐怕是修改故事的最后一次重要机会了。

（一）文字分镜头

文字分镜头台本示例如图 2-30 所示，为《山水情》台本。

台本内页表格的表头文字分别是"镜号""视距""尺""内容""音效"（最后一列抬头看不清楚，根据该列的内容并参考其他上海美术电影制片厂的

完成台本，推测该列的表头是"音效"）。如图 2-31 所示。

图 2-30 《山水情》台本封面

镜号	视距	尺	内 容	
1	全	36·5	片名《山水情》字影见。片名隐去，琴师渐显，琴师孤独的身影，行色匆匆，琴师渐隐。（淡出）	
2	大全—全	28	（推）淡入。老琴师极疲惫立在渡口岸边。（叠出）	风声
3	中近	17·3	（叠入）远处传来悦耳的口笛风声、水声，琴师循声寻找。	口笛声
4	全	18·4	芦苇丛。突然有几只芦雁惊飞而起。	嗯
5	全	15·15	少年驾船驶出苇丛。	水声、笛声止
6	全	14·2	少年驾船进画，靠岸，接老琴师。（叠出）	水声
7	远	19·7	（叠入）小船载着琴师驶向河心。	水声、口笛声

41	全	14·14	茅屋外。雪夜，雪花纷落。	音乐起
42	全	9·11	茅屋内。老琴师端坐炭火旁，听少年练琴，少年专心操琴。	
43	近	11·4	老琴师边听边拨火炭，琴声停。	音乐止 拨火炭声
44	特	7·15	少年搓手，哈气取暖。	
45	大全	24·12	渔村雪夜。	音乐起

图 2-31 《山水情》文字分镜头台本与成片对比

（二）画面分镜头

画面分镜头台本示例如图2-32、图2-33所示，分别为《蒸汽男孩》和《新世纪福音战士》台本。

注：图2-32和图2-33选自杂志《24格》第15期（2006年12月）。

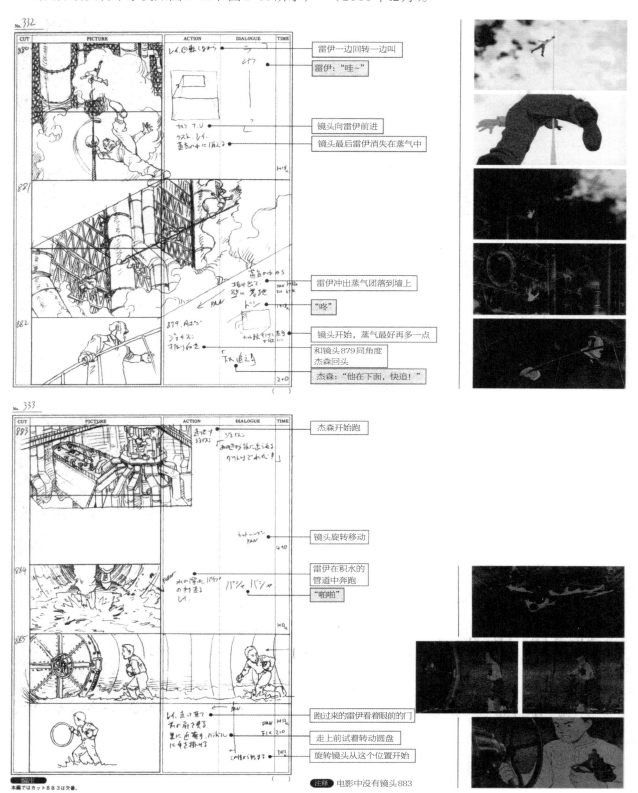

图2-32 《蒸汽男孩》画面分镜头台本与成片对比

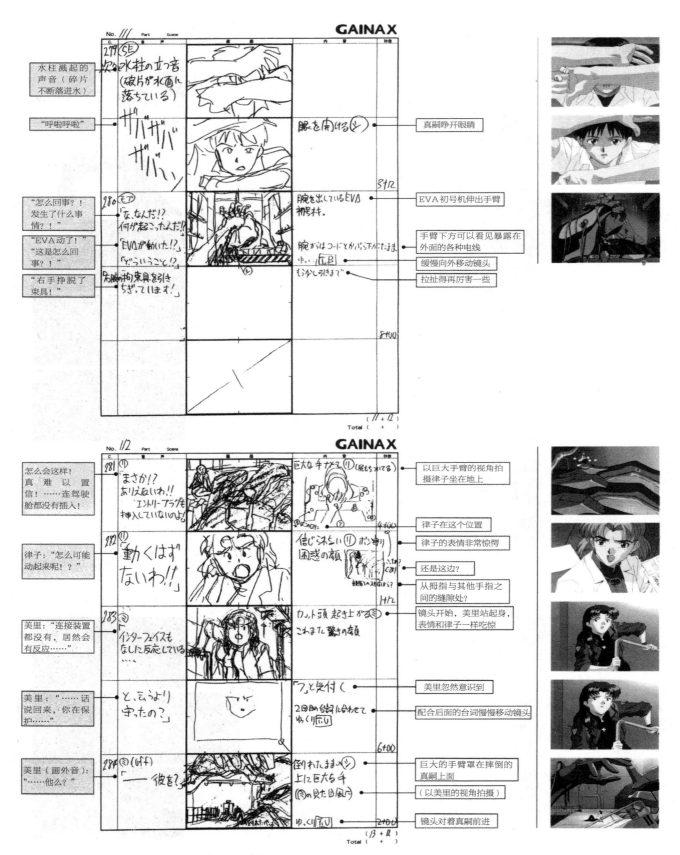

图2-33 《新世纪福音战士》画面分镜头台本与成片对比

（三）动态分镜头

表2-1为《恶童》的动态分镜头截图与成片对比，其中第1列是笔者编的镜头序号，第2列是加入配音、字幕、音效、转场特效和运动镜头测试（比如前三个镜头有晃动效果）的动态分镜头截图，第3列是成片中对应镜头的截图。在成片中，第6个镜头黑与白顺着铁塔往下爬由固定镜头改为跟移的运动镜头，第11～14个镜头改为一镜到底的移镜头——可能导演一开始就是这么考虑的，但在动态分镜时还看不出来，也可能是在动态分镜完成后新产生的想法，笔者比较倾向于前一种可能性。

表2-1　《恶童》动态分镜头截图与成片对比

镜头序号	动态分镜头截图	成片截图
1		
2		
3		
4		
5		

续表

镜头序号	动态分镜头截图	成片截图
6	 	
7		
8		

镜头序号	动态分镜头截图	成片截图
9		
10		
11		
12		

镜头序号	动态分镜头截图	成片截图
13		
14		
15		

二、故事板案例

案例1：画面分镜头台本（图2-34）

《天呐噜！啥果味？》画面分镜头台本

作者：赫晓彤、闫文文、张莹丽

案例2：画面分镜头台本（图2-35）

《恋恋夏日水果物语》画面分镜头台本（第2稿）

作者：陈谭洁、任婉卿、宋紫菀、黄舒润

PROJECT：《天呐噜！啥果味？》

SEQ/SC：镜头1
NOTES：交代背景和场景——芬达实验室

SEQ/SC：镜头2
NOTES：薛定谔在往芬达瓶中滴入液体，面前的锥形瓶内为不同颜色的液体

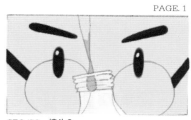
PAGE. 1

SEQ/SC：镜头3
NOTES：滴入液体的特写，液体滴入后瓶中出现彩色气体

SEQ/SC：镜头4
NOTES：薛定谔将瓶中液体摇晃均匀，此时瓶内液体为无色透明

SEOSC：镜头5A
NOTES：薛定谔将盒子中的猫咪抱了出来

SEQ/SC：镜头5B
NOTES：薛定谔将无色芬达放入盒子内

PROJECT：《天呐噜！啥果味？》

SEO/SC：镜头6
NOTES：薛定谔思考芬达可能变成的口味

SEQ/SC：镜头7
NOTES：薛定谔停止猜想，打开盒子，出现了一个从见过的蓝色口味芬达

PAGE. 2

SEO/SC：镜头8
NOTES：薛定谔试着喝了一口

SEO/SC：镜头9
NOTES：眼睛像摇奖号码一样滚动出不同水果，最终停留在了"？"上

SEQ/SC：镜头10
NOTES：薛定谔发出灵魂拷问："天呐噜！啥果味？"

SEO/SC：镜头11
NOTES：蓝色芬达从场景右侧滑入左侧，出现宣传语

图2-34 《天呐噜！啥口味？》画面分镜头台本

PROJECT：《恋恋夏日水果物语》

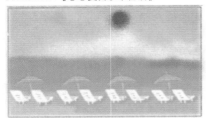

SEQ/SC：1-1
NOTES：沙滩，12:00的太阳

SEQ/SC：1-2
NOTES：芒果、西瓜、柠檬和救生圈在海里嬉戏，岸边一对柠檬在卖餐饮

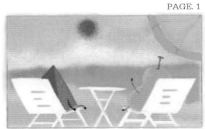

SEQ/SC：1-3
NOTES：西瓜和梨坐在沙滩椅上

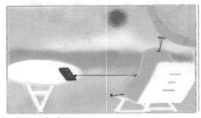

SEQ/SC：1-4
NOTES：突然，梨拿起桌上的遥控器

SEQ/SC：1-5
NOTES：按下18:00的按钮

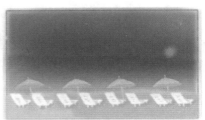

SEQ/SC：1-6
NOTES：沙滩，18:00的太阳

PROJECT：《恋恋夏日水果物语》

SEQ/SC：1-7
NOTES：西瓜很生气

SEQ/SC：1-8
NOTES：西瓜抢过遥控器按下按钮，沙滩恢复成12:00的太阳

SEQ/SC：1-9
NOTES：梨生气了

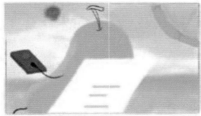

SEQ/SC：1-10
NOTES：梨抢过遥控器，按下18:00的按钮

SEQ/SC：1-11
NOTES：沙滩，18:00的景色

SEQ/SC：1-12
NOTES：西瓜和梨都生气了

PROJECT：《恋恋夏日水果物语》

SEQ/SC： 1-13
NOTES： 西瓜抢过遥控器，边跑边按下按钮

SEQ/SC： 1-14
NOTES： 沙滩12:00的太阳，梨追赶西瓜

SEQ/SC： 1-15A
NOTES： 西瓜和梨争夺遥控器

SEQ/SC： 1-15B
NOTES： 遥控器飞了出去

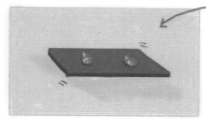

SEQ/SC： 1-16
NOTES： 遥控器落在沙滩上

SEQ/SC： 1-17
NOTES： 服务员柠檬路过

PROJECT：《恋恋夏日水果物语》

SEQ/SC： 1-18
NOTES： 柠檬把遥控器踩坏了

SEQ/SC： 1-19（同1-1）
NOTES： 沙滩，12:00的太阳

SEQ/SC： 1-20
NOTES： 温度太高，西瓜和梨都快晒干了

SEQ/SC： 1-21
NOTES： 海水涨潮了

SEQ/SC： 1-22A
NOTES： 水果们都被卷进了海里

SEQ/SC： 1-22B
NOTES：

图2-35

PROJECT：《恋恋夏日水果物语》   PAGE.5

SEQ/SC：2-1A
NOTES：一只手在搅拌饮料

SEQ/SC：2-1B
NOTES：柠檬爬向杯口

SEQ/SC：2-1C
NOTES：柠檬费力地爬到了杯口

SEQ/SC：2-1D
NOTES：柠檬撑起了小伞

SEQ/SC：2-1E
NOTES：拉镜头

SEQ/SC：2-1F
NOTES：广告语

图2-35 《恋恋夏日水果物语》画面分镜头台本

考虑到时长和节奏，删减第1稿中草莓按遥控器的情节，对应的故事板画面如图2-36所示。

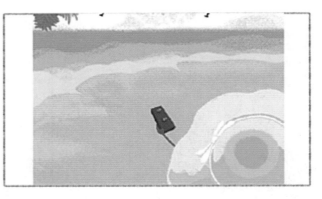

图2-36 《恋恋夏日水果物语》删减部分

案例3：画面分镜头台本（图2-37）

《百变生活，乐享芬达》画面分镜头台本
作者：赫晓彤、闫文文、张莹丽

PROJECT

PAGE. 1

SEQ/SC：镜头1-1A
NOTES：访问，近景（背景右移，人物左移）

SEQ/SC：镜头1-1B
NOTES：苹果掉落

SEQ/SC：镜头1-1C
NOTES：喝口饮料

SEQ/SC：镜头1-2A
NOTES：精神十足（人物左移）

SEQ/SC：镜头1-2B
NOTES：白纸飘过

SEQ/SC：镜头1-3
NOTES：由白纸铺满整个屏幕，然后跳转到下一幕

PROJECT

PAGE. 2

SEQ/SC：镜头2-1A
NOTES：葡萄（直接出现，无过度）

SEQ/SC：镜头2-1B
NOTES：葡萄炸裂
　　　　音效BO拔木塞声

SEQ/SC：镜头2-2A
NOTES：工作，手左右移动，眼珠左右移动

SEQ/SC：镜头2-2B
NOTES：看到饮料 拿起饮料

SEQ/SC：镜头2-2C
NOTES：仰头喝掉，手放下（红色箭头手的轨迹）

SEQ/SC：镜头2-2D
NOTES：精神十足，箭头上涨，饮料滚出画面

图2-37

PROJECT

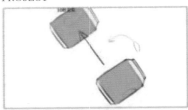

SEQ/SC：镜头3-1
NOTES：饮料罐从右下滚到左下
　　　　飞出的饮料化形成橘子

SEQ/SC：镜头3-2
NOTES：橘子上移

SEQ/SC：镜头3-3
NOTES：橘子汁从上滑落，落成饮料

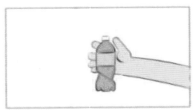

SEQ/SC：镜头3-4
NOTES：拿住瓶子，手滑下

SEQ/SC：镜头3-5
NOTES：无过渡，欢呼《化成芬达的广告语》

SEQ/SC：镜头3-6
NOTES：芬达的广告语logo

图2-37 《百变生活，乐享芬达》画面分镜头台本

案例4：文字分镜头台本（表2-2）

《愿世界的美好与你环环相扣——Beast Studio 3 头戴式耳机》

作者：周泽良

前期调研与设计方案

产品卖点/产品亮点：

1. 自适应降噪功能。

2. 实时音频校准。

3. 音域宽广。

4. 外形新潮、款式众多。

设计方案主打卖点：

1. 通过画面具象化手法突出产品降噪功能。

2. 通过不同背景的切换突出产品音域宽广、音质细腻，让人身临其境。

3. 不同款式之间的切换，告诉消费者产品款式众多。

表2-2　文字分镜头台本与成片对照

镜头序号	画面内容	摄法	成片截图
1	主人公在充满具象化噪音的不规则球形尖刺中身体蜷缩，感觉很痛苦	拉镜头：特写—全景	

续表

镜头序号	画面内容	摄法	成片截图
2	Beast耳机缓缓落下，将球体罩住	全景	
3	人物从痛苦蜷缩的状态，变为安静舒展的状态；球体从满是尖刺的状态转为柔和水波的状态	摇镜头	
4	人物静止不动	俯视视角，慢拉—快推	
5	红色耳机对角旋转上身，背景霓虹灯光闪烁摇晃	固定镜头	

续表

镜头序号	画面内容	摄法	成片截图
6	白色耳机对角旋转上身，背景森林中白雾缭绕	固定镜头	
7	黑色耳机对角旋转上身，背后鸟居阵光影转移	固定镜头	
8	耳机旋转停住，随后出现各款式的耳机，logo 渐出	固定镜头—拉镜头	

第三节 角色设计

内容结构

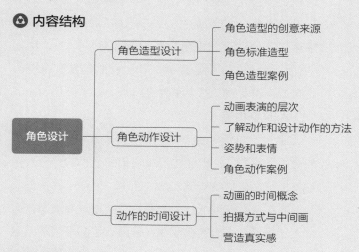

角色设计
- 角色造型设计
  - 角色造型的创意来源
  - 角色标准造型
  - 角色造型案例
- 角色动作设计
  - 动画表演的层次
  - 了解动作和设计动作的方法
  - 姿势和表情
  - 角色动作案例
- 动作的时间设计
  - 动画的时间概念
  - 拍摄方式与中间画
  - 营造真实感

学习目标

了解动画的创意来源，探讨角色造型的来源和现实生活的关系。了解角色标准造型的作用，掌握绘制方法。了解动画表演的不同要求，探讨观察和设计的关系，掌握设计姿势和表情的基本方法。了解动画的时间概念、拍摄方式和加中间画的方法，探讨营造真实感的方法。

本小节涉及的案例：角色造型设计、角色动作设计。

一、角色造型设计

叙事类动画的故事中少不了主角、配角乃至群演角色，所有这些角色的性格、情态、外貌等都是将观众引入故事情境的重要线索，观众在角色身上体验到熟悉的自我感，从而将虚拟的角色假定为真实的存在，进而深入角色的经历和情感，甚至产生共鸣。

有一类动画影片，其中不仅有动画师绘制的角色，还会出现动画师的手，甚至动画师本人。比如美国早期动画片《墨水瓶人》，一方面动画师在影片中直接展示创造和改造动画角色及其所处情境的过程，体现了动画角色的虚拟性，另一方面被创造出来的动画角色很活泼、有想法，会捉弄动画师，还能在画纸和真人世界中来去自如，俨然一个活灵活现的神奇人物，体现了动画角色的假定性（图2-38）。这类影片属于"元动画"的范畴。

图2-38 《墨水瓶人》动画截图

角色造型设计是塑造角色形象的重要环节。写实角色的造型一般趋近真人，卡通角色的造型可以更夸张、更有趣。角色造型的风格是多样的，商业动画的角色造型以美式和日式为两大主流风格，艺术动画的角色造型则更加多变，有的是动画师根据自身感受绘制的原创造型，有的借鉴地域文化或民族艺术的传统元素，有的则改编自绘本、漫画等相关艺术。动画角色的造型与其他艺术的造型相比有自身的特点：比如相比绘画中的静态角色，动画角色需要被反复绘制，因此需要加以简化；与电影中的真人角色相比，动画角色具有超越物理限制的优势，可以更加富有想象力。

（一）角色造型的创意来源

1. 原创

以导演蒂姆·波顿（Tim Burton，图2-39）为例，他在早期的个人短片《文森特》（1982年）中，塑造了一个大眼睛、尖下巴、富有忧郁气质的角色形象——是不是和他本人很像？这部影片被认为带有自传性质，如图2-40所示。在他的动画长片《僵尸新娘》（2005年）中，男主角延续了这一造型特征，如图2-41所示。另外，短片《文森特》中主角文森特画了一个女孩的画像（图2-42），同样眼睛大大的，脸较圆，有小小的尖下巴，在影片的女性角色身上也能看到这样的特点。从这一例子可以看出，在动画师的内心里有着自我形象和理想对象的原型，它们与动画师的个人经历、细腻感受和深层欲望有关，这样的造型是独一无二的、个性化的。在蒂姆·波顿2009年出版的个人画集 The Art of Tim Burton 中可以看到后来运用在他动画和电影中的原创角色的草图，比如《剪刀手爱德华》（图2-43）和《爱丽丝梦游奇境》，还有"瞪眼女孩"的小漫画等。

2. 风格借鉴

20世纪60年代到90年代，上海美术电影制片厂的动画先辈们广泛地吸收传统文化和艺术的养分，探索将传统文化的精华融入动画艺术，创造了独特的动画形式，从而在剪纸片、木偶片、水墨片等类型方面做出了拓展，同时也在戏曲、壁画、年画等艺术元素融入动画造型方面做出了重要贡献，将中国传统的文化艺术和他们在动画领域探索的成果在国际上传播和分享。

例如，《九色鹿》（1981年）改编自敦煌莫高窟第257窟的壁画《鹿王本生图》。壁画以长卷形式讲述了九色鹿救人、王后向国王索取九色鹿皮毛、被救之人向国王告密等故事情节，如图2-44所示。动画在九色鹿的造型和画面色彩等方面都借鉴了原作，同时赋予了九色鹿更加高贵优雅、丰满健康的体态。国王的

图2-39 早年的蒂姆·波顿

图2-40 《文森特》

图2-41 《僵尸新娘》

图2-42 文森特作画

图2-43 《剪刀手爱德华》手绘图与影片造型

造型做了本土化的改造，即改成了中国皇帝的造型，身着袍服，头戴头冠。如图2-45所示。

再如动画长片《天书奇谭》（1983年）。当时南京《新华日报》的美术编辑柯明（原名吴樾人）受到该片的导演之一钱运达的邀请，担任该片的角色设计（图2-46）。他将自己对民间艺术的研究融入了造型设计，《天书奇谭》中体现的就是戏曲元素：美女狐的造型借鉴了京剧花旦的脸谱，特点是桃花眼和两颊腮红；县官的造型借鉴了京剧丑角的脸谱，特点是鼻梁周围抹一圈白粉，如图2-47所示。年长的黑狐狸造型可能借鉴了京剧的彩旦，也就是女性丑角，具有

泼辣、夸张、长袖善舞的特点，如图2-48所示。

水墨动画《小蝌蚪找妈妈》中小蝌蚪的造型（图2-49）据说是以齐白石先生的《蛙声十里出山泉》（图2-50）为蓝本，青蛙、小鸡、螃蟹、虾等主要角色也都从他的画作中借鉴造型，只有金鱼是齐老没有画过的、最终依靠动画先辈们的勤勉和灵气完成的原创造型，并且和借鉴的造型在风格上是统一的。另一部水墨动画《牧笛》则借鉴了李可染先生笔下牛的造型，后来他还为动画创作组绘制了多幅牧牛图作为造型参考，其作品中除了有牛，还有人物和环境，如图2-51所示。

图2-44　敦煌壁画《鹿王本生图》局部

图2-45　动画片《九色鹿》

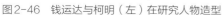

图2-46　钱运达与柯明（左）在研究人物造型

图2-47　《天书奇谭》中的美女狐和县官造型

图2-48 《天书奇谭》中的黑狐狸造型

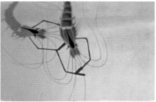

图2-49 《小蝌蚪找妈妈》影片截图

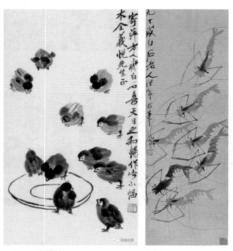

图2-50 齐白石《蛙声十里出山泉》　　　　图2-51 《牧笛》影片与李可染《牧牛图》对比

3. 真人参考

动画角色造型参考真人有多种方式，以下为主要的两种。

（1）以真人形象为原型设计角色。参考真人的性格气质、外形特点及标志动作等进行角色设计。比如影院动画片《魔术师》的故事源于喜剧演员雅克·塔蒂写给女儿的一封信，片中年迈的魔术师形象就是以塔蒂为原型的，如图2-52所示。

（2）以真人服饰、发型等元素为参考设计角色。

案例的要求是设计一只穿着传统油漆工服装的考拉。在开始设计前，笔者先调研了传统油漆工的服装，一般为鸭舌帽和背带裤，常用道具是刷子、油漆颜料和油漆桶；其次调研了考拉的模样和体态，绘制了速写。在此基础上设计了多个角色，如图2-53所示。

4. 组合设计

从不同的物体中选取部分组合起来产生新的物体是一种常见的想象方式。

笔者小时候看过一部电视动画片，片中有句台词："鹰的眼睛、狼的耳朵、豹的速度、熊的力量"，用以形容男主角的灵敏有力，令人印象深刻。

中国古籍《山海经》中记录了很多中国先民想象的奇特生物，很多都是不同动物的组合，比如《山海经·南山经》有文："有兽焉，其状如狸而有髦，其名曰类，自为牝牡，食之不妒。"类这种奇兽长得像狸猫，头上披着长毛，雌雄同体。另有颙，是一种人面枭身、四目有耳的怪鸟；文鳐鱼，是一种鱼鸟同体的奇鱼，会飞，等等。笔者曾根据《古本山海经图说》一书，画过几幅小画，取名为《山海经别解》，如图2-54所示。

宫崎骏的代表作之一《幽灵公主》中山兽神的形象，也是多种动物特征的组合，如图2-55所示。

5. 模仿

模仿已经成熟的动画造型、风格和技术，可以较快地学习到动画的技能。中国动画的开拓先驱万氏兄弟曾模仿《从墨水瓶里跳出来》创作了动画广告片《大闹画室》（据说除了文字记载没有任何影像资料流传下来）。在迪士尼的动画长片《白雪公主》上映后，万氏兄弟深受启发，取材于中国《西游记》的故事，创作了中国第一部动画长片《铁扇公主》，其中孙悟空的造型能看到迪士尼早期米老鼠造型的痕迹，但在动作和情态方面做出了改变，如图2-56所示。

图2-52　雅克·塔蒂与片中魔术师

图2-53　《油漆工考拉》（作者：夏一霖）

类：求得圆满

颙：
存念则苦、往来是风。去吧。

图2-54　《山海经别解》（作者：夏一霖）

图2-55　《幽灵公主》中的山兽神

图2-56 迪士尼米老鼠与《铁扇公主》孙悟空对比

上海美术电影制片厂的动画先辈们在20世纪50年代曾一度向苏联和东欧国家学习动画技术，钱运达等动画前辈曾赴捷克斯洛伐克工艺美术学院学习动画的理论与技术。这为他们之后探索动画民族化的道路奠定了基础。

目前比较流行的商业动画造型有美式风格和日式风格。前者造型比较夸张，后者比较唯美，注重头发和服饰的修饰。近年来，中国商业动画影片中大多也都能看到对这两种风格之一的模仿，当然与模仿相伴的始终是探索，是突破和超越的可能和渴望。

（二）角色标准造型

早期动画影片中，没有标准造型的概念，也没有原画和动画的区分。动画师将一个角色的表演按时间顺序依次往后画，到最后角色很可能会跟一开始有些差别，比如变得胖些或矮些。之后，为了使角色造型在影片中保持一致，特别是当一个角色由多位画师来画时，更需要统一的参考，所以产生了角色标准造型的概念。这一概念的应用就是绘制标准造型图。标准造型图一般以基本站姿呈现角色的高度、身体比例和不同视角（一般包括正面、四分之三侧面或正侧面、背面等），有时也称为"三视图"，如图2-57所示。有时设计师还会提供姿势或表情参考。当影片中出现多个角色时，为了统一各个角色的比例大小，还可以绘制角色比例参考图，它和三视图一样，起到规范作用，如图2-58所示。

图2-57 《新世纪福音战士》角色三视图

图2-58 《天书奇谭》角色比例参考图

（三）角色造型案例

1. 设计过程案例

如图2-59所示，该同学试图设计一个男孩角色，为此绘制了多幅草图，从中可以看出她对"放牛娃"这一形象的兴趣——其中四个角色草图都与之有关。笔者向她指出了这一点，并建议她在该主题上继续深入，完善形象设计。于是，她从不同的草图角色中分别提取了性格、发型、服饰和道具等元素，组合成明确的角色，并绘制了三视图。之后她对头部进行夸张放大的处理，设计了Q版形象，还绘制了角色表情和一幅带场景的角色图。

2. 设计思路案例

如图2-60所示，该组同学以其中一位作为角色设计的原型，绘制了角色的标准造型、不同视角造型和体现其情态的动作。

如图2-61所示，该同学参考宇航员的服装，设计了一个熊猫宇航员角色形象。

如图2-62所示，该组同学的初衷是不想单纯地做一个人物的形象，所以考虑结合物体来设计，最后选定了火焰和灯泡，使之结合成为"火灯泡"，并做了拟人化的处理。然后通过颜色进一步区分角色的性别、情绪等属性。

如图2-63所示，该同学设计了一个带有神秘感的角色，绘制了三视图。

如图2-64所示，该同学借助三维软件Cinema 4D，以虚拟模型的方式展现角色的三视图。

图2-59 《放牛娃》（作者：吕雯静）

图2-60 《橘胖》（作者：程铁男、付康）

图2-61 《熊猫宇航员》
（作者：张秋园）

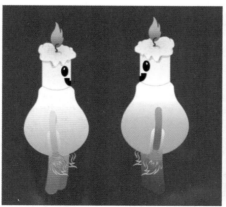

图2-62 《火灯泡》（作者：蔡齐辉）

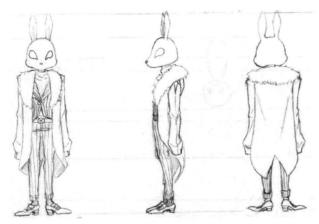

图2-63 角色三视图（作者：刘雨儿）

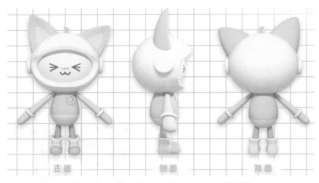

正面　　　　侧面　　　　背面

图2-64 《小喵guy》（作者：朱世煜）

二、角色动作设计

动画角色有了造型，还要考虑让其动起来的问题。和真人演员不同，动画角色可不会因为导演的一句"Action"（开拍）就自己动起来，每一个动作，哪怕仅仅是从现在站立的位置向左迈一步，也需要设计人员的思考、设计和绘制。角色为什么要做这个动作？是为了躲避危险，还是发现了某个想要接近的目标？角色如何表演这个动作？是正常地、平淡地迈出这一步，还是夸张地、大幅度地迈出？角色是恐惧

的，还是兴致勃勃的？角色的躯干、头、四肢以及手脚都怎么运动？运动的幅度大小和速度快慢如何？角色动作设计属于动画表演的范畴。

（一）动画表演的层次

陈廖宇（北京电影学院动画学院教师）将动画表演分为三个层次。

1. 运动规律的层次

该层次解决常规动作如何绘制的问题，比如人正常地走跑跳、蚂蚁正常爬行的一般规律。图2-65为人跑步的一般规律。

2. 一般表演的层次

该层次需要根据剧本中规定的情节，结合角色的个性特点来设计表演动作，是角色与情节的互动。比如《勇敢传说》中王后变成熊后，吃早餐的动作起初仍保留了优雅的特点，但吃果子时嘴部的动作加入了幽默感，之后因果子有毒而变得很狼狈，如图2-66所示。《十万个冷笑话》中李靖"百分百被空手接白刃"的人物设定，形成了程式化的表演动作，如图2-67所示。《天书奇谭》中机智可爱的蛋生连吃饼也不同于寻常吃法，他先吃中间，然后将饼套在脖子上，转着圈儿吃，如图2-68所示。

3. 有风格的表演的层次

这是在完成功能性表演的基础上，创造出一种自身特有的表演方式。这也是一个表演是否能体现动画独有特性的层次，结合动画的造型风格、材料、技术创造出许多独有的表演语言。

（二）了解动作和设计动作的方法

动画的特质使其能够横跨在想象与现实的边界

图2-65 人跑步的一般规律

图2-66　《勇敢传说》王后变熊前后和吃早餐的动作

图2-67　《十万个冷笑话》李靖被空手接白刃的动作

图2-68　《天书奇谭》蛋生吃饼

上，并将二者融为一体。设计人员通过"附灵"的方式，将生命力注入角色的表演中。为了实现这一仪式性的过程，设计人员会通过观察、想象、亲身感受等方式与角色融合，进而绘制出流畅的动作。

即使是没有受过专业训练的儿童，绘制某个他比较熟悉的动作时，可能也能够根据心里印象画出动作的序列图。例如，图2-69是钱夏博蒂（6周岁）画的击剑和打乒乓球的动作。他用序号表示动作的先后，并用连线表示图像符号间的相关性。击剑一图中他将上身与下身的动作分别绘制，完整地展现了向前刺的动作；乒乓球发球一图中则展现了持球、发球、手收回的完整过程（下身动作不变）。当被问及乒乓球在哪时，他指了指远处桌子上空——飞得那么远，怪不

图2-69　击剑前刺动作和乒乓球发球动作

得纸上看不见了！

凭借心里印象绘制动作，需要绘制者对动作比较熟悉，有亲身感受。如此绘制的动作往往集中体现了绘制者对动作精髓的把握，但也可能陷入程式化的单调之中。如果平时多观察和多画速写、创作前期多收集参考资料，就有能力更生动、更丰富地展现个性化的动作和姿势。因为有了更深入的理解，设计表演时也会更加得心应手。迪士尼动画师罗恩·哈斯本德在平时绘制了大量速写，并对特定主题开展研究。比如，他发现父母抱孩子的方式有很多，父母会找到让自己和孩子都感到舒服的最佳方式。其中一幅速写中女人一手抱着孩子，同时还照看着另一个孩子，她保持自己的平衡。他还画了一系列孩子玩耍的动作。他的建议是："捕捉到这些姿势的关键就是观察。在开始画之前，我花了无数时间分析所发生的一切。"图2-70、图2-71来自他的《动态速写宝典》一书。

平时多观察生活，会发现很多有趣的事情。有一次下课后，我从教学楼走出来，一个穿着紧身运动装、肌肉匀称的年轻男子正好从我面前跑过，我立刻察觉到他的左手很奇怪，我留心观察，发现他一边跑、一边左手以手腕为支点上下摆动，跑动的节奏和手摆动的节奏竟然完全吻合！令人诧异的是他本人似乎对此毫无察觉，他的神色表明他正专注在别的什么事情上。他的右手则始终抓着一部手机。一直到离开我的视线，他始终保持着这一奇特的跑步姿势。为什么他的左手会做这个动作呢？这是一个谜。但正是这种"无关紧要的"小细节体现出一种鲜活的生命感——他超出了我预料、想象的范围，他在运动规律之上彰显了未知和奇迹。生命真是不可思议！

动画表演不同于真人表演，不仅可以对动作进行夸张变形，而且可以加入设计人员的想象，实现天马行空的创意。比如宫崎骏在长片《龙猫》和短片《梅和小猫巴士》中创造了一种神奇的生物——猫巴士，它看上去是猫咪和公交车的组合，能够让人乘坐，而且总是咧着嘴大笑，如图2-72、图2-73所示。这样一种想象的生物要怎么表演呢？这需要设计人员在掌握猫的运动姿态的基础上，再加入公交车厢，充分发挥想象力了。

图2-70 罗恩·哈斯本德的速写画：抱孩子

图2-72 《龙猫》

图2-71 罗恩·哈斯本德的速写画：玩耍的孩子

图2-73 《梅与小猫巴士》

（三）姿势和表情

动画表演是连续的过程，在早期动画中，动画师会将动作从头画起，依次往后，直至动作的结束。当动画制作出现分工后，大部分动作就从连续绘制改为先绘制原画，也就是关键动作，然后在原画张之间加入动画张（数字动画技术中也称为"中间帧""过渡帧"），使动作连贯起来。少部分具有特殊效果的表演仍保留连续的绘制方法。关键动作包括角色运动的起始、转折和结束，其中角色的姿势和表情是绘制的主要内容。

1. 姿势

角色的姿势要体现角色的气质，如果是一个活泼的角色，就不宜画得呆板，反过来若是一个木讷的角色，那就不宜画得太活泼。图2-74中，笔者分别绘制了天真、阴郁和憨厚性格的角色，其中天真角色自然地敞开怀抱，阴郁角色则采取了防御姿态——紧缩身体、抱紧令其感到安全的东西，憨厚角色姿态稳重、动作比较常规。

图2-74　三个不同性格的角色姿势（作者：夏一霖）

2. 表情

人的脸部富有弹性，因而能够做出各种表情，也包括夸张、搞怪的表情，从而展现丰富的情感。严肃的角色往往表情僵硬，活泼的角色则表情生动、多变化。

对照镜子或参考照片进行观察，有助于画出生动的表情。表情变化的重点部位在眼睛、眉毛和嘴。图2-75分别是笔者拍摄的一组照片和根据照片绘制的速写、草图、设计稿。第一组设计稿中强调五官的变化，头部始终是一个形态不变的圆形；第二组设计稿中将较写实的眼睛部分简化为椭圆状，使其偏向卡

照片

速写

设计稿（第一组）

设计稿（第二组）

图2-75　参考照片的三个表情设计（作者：夏一霖）

通风格，增加了面部的弹性——脸可以拉伸和压缩，花瓣和茎叶的姿态也做了相应的调整。

（四）角色动作案例

案例1：《小喵guy》

一只人形猫咪，表情有符号化的特点。如图2-76所示。

案例2：《云朵女孩》

拟人化的云朵和幼儿园小女孩，动作都比较可爱。如图2-77所示。

图2-76 《小喵guy》(作者：朱世煜）

图2-77 《云朵女孩》(作者：朱禹欣、胡志芳）

案例3：《一天的日常》

图2-78节选了影片中刷牙洗脸段落的主要动作，具有夸张、幽默的特点，比如用手指刷牙、把脸挤干等。

案例4：《橘胖》

影片设计了各种互动情境，一系列略显笨拙的动作体现了角色的特点，其中从浴缸中走出来照镜子、回头笑的动作则体现了其性格的另一面。如图2-79所示。

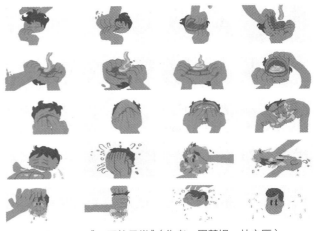

图2-78 《一天的日常》(作者：周慧娟、林之厚）

图2-79 《橘胖》(作者：程铁男、付康）

三、动作的时间设计

迪士尼的元老动画师写过一本书，名为《生命的幻象》*The Illusion of Life*，将动画艺术视为创造生命幻象的艺术。生命最根本的幻象是思想创造的"时间""自我"和"自我在时间中运动"。

（一）动画的时间概念

1. 时间单位

动画中时间的基本单位是frame，中文译作"格"或"帧"。每秒的帧数称为"帧频"（fps, frames per second），动画一般设为24fps，即24帧画面构成1秒的时间，如图2-80所示。

动画中8、12、16等帧数及其倍数在动作的时间设计中也是经常用到的，它们对应的时间长度如图2-81所示。

图2-80　1秒：24帧

1/2秒：12帧

1/3秒：8帧

2/3秒：16帧

图2-81　8、12、16帧时间长度对比

2. 速度与加速度

动画角色的运动可以很夸张，甚至超越物理定律的限制，这是该艺术幻想性的一面。但动画的运动规律应基于牛顿运动学规律是不争的事实。

牛顿第一定律也被称为惯性定律，意指当物体不受力（或所受合力为零）时，会保持静止或沿直线做匀速运动。这对动画师的启示是角色不会无缘无故改变动作，除非受力。这种力可能是外在力量，比如他人的推力；也可能是内在的精神力，比如受到吸引或产生欲望，通过精神力引发肌肉的运动。

牛顿第二定律指出物体运动变化和受力大小成正比，运动方向发生在力的直线方向上。对动画师的启示是角色运动不仅要考虑速度，还要考虑加速度。当角色受力改变静止状态时，其动作一般先为加速运动（加速度为正值），随后因为摩擦力等阻力的缘故，会逐渐减速（加速度为负值）直至停下来。

下面这个例子中，三个不同颜色的圆环从同一条起跑线出发（第1帧），同时抵达终点线位置（第24帧），但运动过程中它们的速度和加速度是不同的。如图2-82所示。

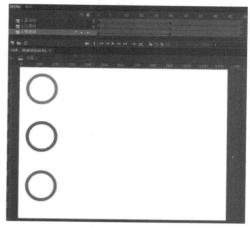

第1帧（起始帧）

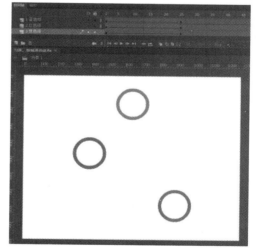

第12帧

第24帧（结束帧）

图2-82　三个圆环运动的速度对比

图2-83是在第24帧位置利用Animate软件的"洋葱皮"功能查看所有帧的效果。根据你的观察和判断，以下哪个球的运动过程是加速运动，哪个是减速运动，哪个是匀速运动？

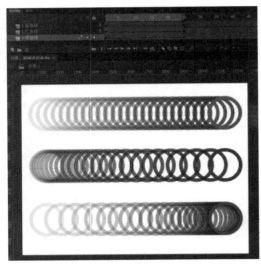

图2-83 第24帧位置下查看所有帧

（二）拍摄方式与中间画

1. 拍摄方式

数字动画借鉴了赛璐璐动画的拍摄手法，从实际拍摄中发展出的三种常用的拍摄方式，分别是停格拍摄、单格拍摄和双格拍摄。

停格拍摄指一格画面被拍摄多次，形成动作保持不变的感觉。比如想表现一个角色背对着观众坐在窗前、一动也不动，就可以连续拍摄该画面24次，这意味着该动作保持了1秒。在Animate软件中，不需要拍摄24张同样画面的胶片，只要利用关键帧（1帧）和普通帧（23帧）就可以实现了。

单格拍摄又称"一拍一"，指每一个画面只拍摄一次；双格拍摄又称"一拍二"，指每个画面拍摄两次。比如一个角色从房间的门口走到床边，时间为1

秒钟，单格拍摄需要绘制24张不同画面的动作序列，而双格拍摄只需要绘制12张。Animate软件中，单格拍摄意味着24帧全部是内容不同的关键帧，双格拍摄意味着只有12帧是关键帧，但每一帧关键帧后面都跟着一个普通帧。一般情况下，双格拍摄既能保留动作的流畅性，又能提高绘制效率。但是对于比较复杂或者细腻的动作，双格拍摄可能会达不到想要的效果，这时就需要改用单格拍摄。

2. 加中间画的方法

（1）二分法，也被称为取中法。意指在绘制出动作的起始和结束后，取两者的中间位置绘制出中间画。

下面这个变形动画的例子就是用二分法绘制的，拍摄方式为双格拍摄。首先利用第1帧和第17帧的中间位置绘制出第9帧（图2-84），然后继续利用二分法绘制出其他帧。如果是匀速运动，空间取中与时间取中是一致的（图2-85），比如第5帧在空间上是第1帧和第9帧的中间，在时间上也是。第13帧在空间上是第9帧和第17帧的中间，在时间上也是。如果是加减速运动，空间取中对应的帧序号就要调整了（图2-86）。比如第7帧是第1帧和第9帧的空间位置取中，第5帧是第1帧和第7帧的空间位置取中，第3帧是第1帧和第5帧的空间位置取中，这样形成的是加速运动的感觉。如果感觉变化开始得太急、看上去有点跳，可以对开始几帧改成单格拍摄；如果还是感觉变化太快，也可以在第1帧和第3帧之间继续取中（即增加关键帧，通过增加帧数延长时间），同时调整帧序号（改第3帧为第5帧、第5帧为第7帧，后面以此类推）。

（2）有些动作也可以采用三分的方法加中间画。做法是将起始动作和结束动作之间的空间三等分（而不是二分法的二等分），时间也三等分。这样做有特别的用处，比如可以再次利用二分法，将刚才三等

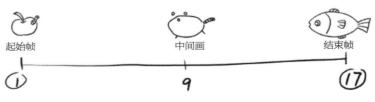

起始帧 中间画 结束帧

① 9 ⑰

图2-84 二分法绘制中间画

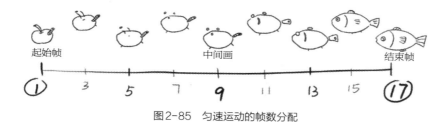

图2-85　匀速运动的帧数分配

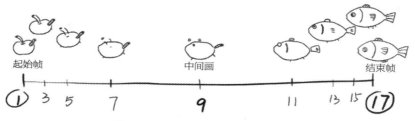

图2-86　先加速后减速运动的帧数分配

分的第一段时间绘制出加速运动，第二段绘制出匀速运动，第三段时间则绘制出减速运动等。

（三）营造真实感

在动画工作中，动作本身的重要性只是第二位的，更重要的是要表达出促使物体运动的内在原因，动画工作者要费许多心思使他所画的平面的、无重量的形象像坚实而有重量感的人物一样活动起来，并且以令人信服的方式活动着。在这两方面，时间掌握都是最重要的。

关于营造真实感，动画前辈总结了很多技巧值得学习，比如利用预备动作使观众产生预感，以便其理解正在发生什么事；生命体的动作轨迹常设计成弧线，用于模拟物理现实的情况；合理运用极限动作、缓冲动作和追随动作，以及挤压和拉伸的方法，使动作既有真实感，又富有弹性和表现力；巧妙地应用时间，能体现出物体的重量和力的作用，还能刻画角色的情绪。

本章习题

1. 什么是三幕式叙事结构？
2. 哪些因素构成了故事的背景？
3. 将你的动画创意先写成概念设定，然后完成三幕式结构的剧本。
4. 什么情况下需要撰写或绘制故事板？
5. 选择剧本中的一场戏绘制故事板。
6. 什么情况下需要绘制角色标准造型图？
7. 了解动作和设计动作是什么关系？是否必须了解动作才能设计动作？
8. 动画的时间单位是什么？
9. 什么是二分法？
10. 设计一个角色，画出该角色的多个表情和不同视角下的姿势。

3

第三章

软件基础
工具介绍

—

学时
8学时（讲课4学时、实训4学时）

4

基本要求

了解和掌握 Animate CC 2020 软件的界面和工作区，掌握最基本的软件操作技能；介绍图形的绘制模式、对齐与排列、组合与分离、翻转与变形等基本操作，利用常用工具进行图形图像的创建与编辑；掌握三种文本类型：静态文本、动态文本和输入文本的创建与编辑，以及文本的变形与分离、文本的特效等基本操作，利用文本的属性进行图文的编辑。

重　点

Animate CC 2020 工具栏中各种工具的使用。

难　点

利用常用工具进行图文的创作与编辑。

教学内容

1. Animate CC 2020 界面和工作区
2. 图形图像的创建与编辑
3. 文本的创建与编辑

第一节 Animate CC 2020 界面和工作区

内容结构

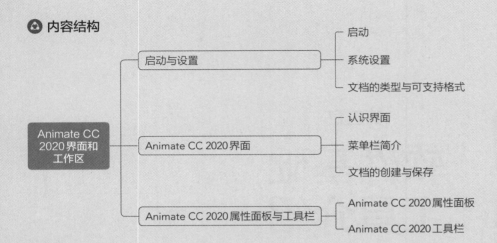

学习目标

了解和掌握 Animate CC 2020 软件的界面和工作区,掌握最基本的软件操作技能,是 Animate 动画制作的基础。本节主要介绍 Animate CC 2020 的启动与系统设置、软件界面和常用工具的使用、动画文件的创建与保存、外部对象的导入导出、文件的测试预览等操作。

一、启动与设置

(一)启动

Adobe Animate CC 2020 的启动在不同操作系统中打开方式不一样,具体如下:

Windows 操作系统:选择"开始"→"所有程序"→"Adobe Animate CC 2020"或通过桌面快捷图标启动"Adobe Animate CC 2020";

Mac OS 操作系统:打开"Launchpad"快速访问 app 面板→点击"Adobe Animate CC 2020" app 或在"Finder"→"Applications"目录下单击"Adobe Animate CC 2020.app"。

© 1993-2020 Adobe. All Rights Reserved.

Akatre 作品。有关详细信息和法律声明,请前往"关于 Adobe Animate"屏幕。

正在初始化字体 …

图3-1 Adobe Animate CC 2020 启动界面

首次启动Adobe Animate CC 2020时，会弹出一个欢迎屏幕面板，如图3-2所示，左侧面板包含"主页""学习""新建""打开"及"新增功能"链接；右侧面板包含Animate介绍视频、演示动画、快速开始文件选项。"主页"即为当前页面，"学习"页包含动手教程和网上教程，单击"打开"按钮将打开文档目录，单击"新建"和"更多预设"按钮将打开"新建文档"对话框，如图3-3所示。

"新建文档"面板中文件类型根据不同领域划分为"角色动画""社交""游戏""教育""广告""Web"和"高级"几个选项，方便用户有针对性的根据尺寸和平台创建文档。

（二）系统设置

用户初次使用Animate CC 2020进行创作之前，一般需要对常规应用操作程序等参数做一定程度的修改与调整，预先设置动画文件的工作环境，有利于用户提高工作效率。具体操作如图3-4"首选参数"对话框所示。

点击"编辑"→"首选参数"命令，或按组合键【Ctrl+U】（Win）/【Fn+Command+U】（Mac）键，打开"首选参数"对话框，在"首选参数"对话框中，有"常规""代码编辑器""脚本文件""编译器""文本""绘制"6个标签，用户可以选择不同的标签来设置不同的选项，达到相应的目的。在这个对话框中可以设置的内容如下：

（1）"常规"：用于设置常规操作的个性化属性，如文档层级撤销次数、UI主题颜色、UI外观等。

（2）"代码编辑器"：对软件中"动作"面板中的字体和代码格式进行个性化设置。

（3）"脚本文件"：用于设置脚本文件的编码模式与提示信息。

图3-2　欢迎屏幕面板

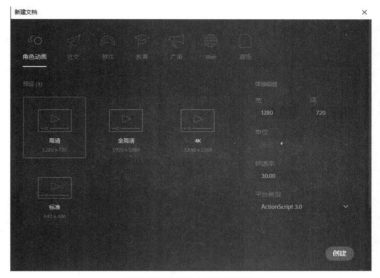

图3-3　"新建文档"对话框

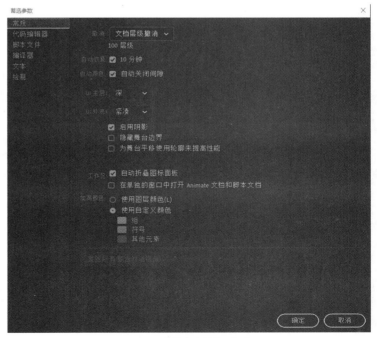

图3-4　"首选参数"对话框

（4）"编译器"：对 Flex SDK 路径、源路径、库路径和外部库路径的设置。

（5）"文本"：用于设置文本相关的默认属性。

（6）"绘制"：用于设置"钢笔工具"和"IK 骨骼工具"等的属性。

此外，Animate CC 2020 版本还增加了"初学者首选参数"和"专家首选参数"的设置，以及"首选参数"的导入与导出功能，方便不同水平的用户切换参数设置。如图 3-5 所示。

编辑首选参数...	Ctrl+U
初学者首选参数(B)	
专家首选参数(E)	
导入首选参数(I)...	
导出首选参数(E)...	

图 3-5　首选参数切换

（三）文档的类型与可支持格式

1. 文档类型

Adobe Animate CC 2020 具备动画和多媒体制作功能，兼容多种播放平台和技术支持。新建动画文件时可根据最终播放平台或运行环境新建适当的文档类型。常规文档新建的类型如下所示。

（1）平台。

HTML5 Canvas：创建用于在使用 HTML5 和 Java 脚本的浏览器中播放的动画素材资源，同时可以使用 ActionScript3.0 在文档中添加交互性。

ActionScript3.0：创建用于在 Flash Player 中播放的动画和交互媒体，ActionScript3.0 是 Animate JavaScript 脚本语言的最新版本。

AIR for Desktop：创建用于 Windows 或 Mac 桌面上作为应用程序播放的动画，无须使用浏览器，同时可以使用 ActionScript3.0 在 AIR 文档中添加交互性。

AIR for Android：用以发布在 Android 移动设备的应用程序，同时可以使用 ActionScript3.0 为移动应用程序添加交互性。

AIR for IOS：用以发布在 Apple 移动设备的应用程序，同时可以使用 ActionScript3.0 为移动应用程序添加交互性。

（2）BETA 版平台。

VR Panorama（Beta）：用于创建资源、添加交互性并导出用于 Web 的全景虚拟现实动画。

VR 360（Beta）：用于创建资源、添加交互性并导出用于 Web 的虚拟现实动画。

WebGL-glTF Extended（Beta）：将扩展 glTF 格式用于 Web，创建丰富的 WebGL 动画。

WebGLg-lTF Standard（Beta）：创建可以在任何 glTF 查看器上运行的基于 glTF 标准的 WebGL 动画。

另外还有自定义平台文件和脚本文件。

2. Animate CC 2020 支持的文件格式

无论播放平台或运行环境如何，所有文档类型均可保存为"*.fla"或"*.xfl"格式，同时支持多种文件格式的打开与导入，可协同操作与设计制作，具体格式如下图 3-6 所示。

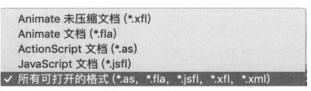

图 3-6　Animate CC 2020 支持的文件格式

XFL 文件：XFL 文件是将 Animate 文件的每个单独的部分保存下来，可以让不同的工作人员使用 Animate 文件的相应部分；此格式有助于设计人员和开发人员同时处理同一个项目，提高工作效率。保存为 XFL 格式后 Animate 文档将生成四个子文件：包含全面描述 Animate 文件的 XML 文件，描述每个库元件的各个 XML 文件，包含发布设置、移动设置及其他设置的其他 XML 文件，包含 Animate 文件使用的外部资源（如位图文件）的文件夹，如图 3-7 所示。

图 3-7　XFL 文件内容

FLA文件：FLA文件是Animate中使用最多的文件类型，包含Animate文档的基本媒体、时间轴和脚本信息。

AS文件：是ActionScript文件，可以打开Animate外置的ActionScript代码，有助于多人参与开发

Animate项目内容的不同部分。

JSFL文件：是JavaScript文件，可用编程语言来向Animate创作工具添加新功能。

Animate不仅支持文件的打开，同时也支持外部文件的导入，可导入的文件格式如图3-8所示。

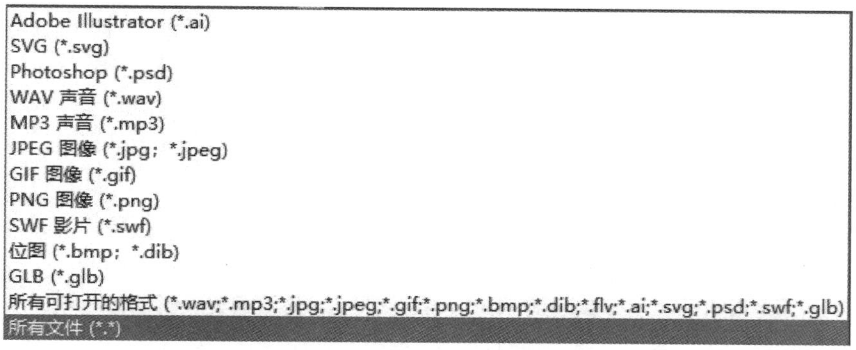

图3-8　Animate可导入的文件格式

AI文件：是Adobe Illustrator矢量图形制作软件保存的文件格式。

PSD文件：是Adobe PhotoShop图形图像处理软件保存的文件格式。

SVG文件：被称为可伸缩矢量图形，是用于描述二维图像的一种XML标记语言。SVG文件可用于Web、印刷及移动设备，可以使用CSS来设置SVG的样式，对脚本与动画的支持使得SVG成为Web平台不可分割的一部分。

WAV与MP3为常见的音频格式，Animate支持多种声音文件格式，除WAV和MP3外，还支持Adobe Soundbooth本身的声音格式（.asnd）、AIFF（.aif，.aifc）、Sound Designer Ⅱ（.sd2）、Sun AU（.au，.snd）、FLAC（.flac）、Ogg Vorbis（.ogg，.oga）。WebGL和HTML5 Canvas文档类型仅支持MP3和WAV格式。

GIF、JPEG、PNG及位图为常见的Web图像文件格式。

SWF文件：SWF文件是FLA文件的编译版本，主要是在网页上显示的文件。当用户发布FLA文件时，Animate将创建一个SWF文件。

GLB文件是保存在glTF或GL传输格式的3D模型，这些文件被保存在一个文本格式的二进制版本中；使用WebGL-glTF和GLB格式可缩减文件大小并减少运行时的处理工作量。

二、Animate CC 2020界面

（一）认识界面

Adobe Animate CC 2020的界面，如图3-9所示，与Adobe公司开发的其他软件有许多类似之处，默认"传统"工作区状态下，由菜单栏、工具栏、舞台、属性、时间轴、展开面板等部分组成。用户可以在右上角"工作区切换台" 🔲 切换工作布局，或根据个人喜好自由移动面板，调整为适合个人工作习惯或屏幕大小的工作区布局，可在"新建工作区"进行重命名和"保存工作区" 🔲，下次启动系统将默认打开用户所保存的工作区布局，如图3-10所示。

此外，Animate CC 2020还新增了"资源"面板，可将场景、元件和位图存储或导出为资源，方便用户重复使用；并新增了"社交分享和快速发布" 🔲 和"测试影片" 🔘。

图3-9　专家首选参数界面

图3-10　保存工作区

（二）菜单栏简介

菜单栏主要包括"文件""编辑""视图""插入""修改""文本""命令""控制""调试""窗口"与"帮助"等栏目，如图3-11所示。

图3-11　菜单栏

（1）"文件"：用于文件的新建、打开、保存、导入、导出、发布等设置。如图3-12所示。

（2）"编辑"：主要用于动画元素的复制、粘贴等基本操作，以及编辑元件、首选参数、快捷键等的设置。如图3-13所示。

图3-12　"文件"菜单　　　图3-13　"编辑"菜单

（3）"视图"：主要用于设置工作界面的外观和布局，例如缩放、标尺、辅助线、全屏等操作。如图3-14所示。

（4）"插入"：主要用于元件、场景、图层、帧等的新建与插入操作。如图3-15所示。

图3-14 "视图"菜单　　图3-15 "插入"菜单

（5）"修改"：主要用于修改动画元素对象的基本属性等，例如修改对象的形状、排列、对齐、组合等样式。如图3-16所示。

（6）"文本"：用于对文本的属性和样式进行设置。如图3-17所示。

图3-16 "修改"菜单　　图3-17 "文本"菜单

（7）"命令"：用于对命令进行管理。

（8）"控制"：用于对动画进行播放、控制和测试。

（9）"调试"：用于对动画进行调试操作。

（10）"窗口"：用于打开、关闭、组织和切换各种窗口面板。

（11）"帮助"：用于快速获取帮助信息。

（三）文档的创建与保存

1. 文档的创建

在Animate菜单栏中选择"文件"→"新建"，弹出"新建文档"对话框；或按组合键【Ctrl+N】（Win）/【Fn+Command+N】（Mac）打开"新建文档"对话框。

在"高级"类别中选择ActionScript3.0文档类型，在对话框的右边，可以设定舞台的尺寸，默认"宽"为"550"，"高"为"400"，"单位"默认选项为"像素"，"帧速率"默认为"24"fps。更多文档属性可以通过属性面板修改，具体在后面内容进行讲解。如图3-18所示。

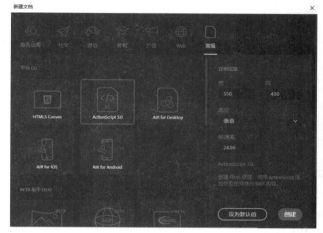

图3-18 新建ActionScript3.0文档

单击"创建"按钮，Animate会依照全部默认设置创建一个新的ActionScript3.0文件。

2. 文档的保存

菜单栏中选择"文件"→"保存"，弹出"另存为"面板，或按组合键【Ctrl+S】（Win）/【Fn+Command+S】（Mac）打开"另存为"面板，把文件命名为"Lesson001"，从"保存类型"下拉菜单中选择"Animate文档（*.fla）"，点击"保存"按钮即可。如图3-19所示。

友情提示

首次保存文件即为"另存为"；立即保存文件是一种良好的工作习惯，可以确保当前应用程序或计算机崩溃时所做的工作不会丢失。

图3-19 保存文档

图3-20 "工具"属性面板

三、Animate CC 2020属性面板与工具栏

Animate CC 2020版本与之前版本相比，重新设计了用户界面，工具栏和时间轴面板更加个性化，增强了属性面板。

（一）Animate CC 2020属性面板

Animate CC 2020对属性面板进行了许多改进，提供了"工具""对象""帧"和"文档"四个选项区域，用户可根据当前操作或工作流程查看相关设置和控件，界面更加简洁和清晰。

（1）"工具"：主要包含当前所选工具的属性。"填充和笔触"部分被重命名为"颜色和样式"。如图3-20所示。

（2）"对象"：主要指舞台上所选对象的属性。

①当所选对象为图形元件时，增加了"编辑元件属性""交互元件""分离元件""转换为元件"等快捷按钮；新增了"嘴形同步"设置。如图3-21所示。

②当所选对象为"影片剪辑"元件时，优化了"滤镜""3D定位和视图""辅助功能"面板选项，增加了"混合"模式选项。如图3-22所示。

③当所选对象为"按钮"元件时，优化了"滤镜""字距调整""辅助功能"面板选项，增加了"混合"模式选项。如图3-23所示。

④当所选对象为"形状"元件时，增加了"扩展以填充""创建对象""分离""转换为元件"和"创建新画笔"快捷按钮。如图3-24所示。

（3）"帧"：主要显示时间轴中所选帧的属性。增加了"创建传统补

图3-21 "嘴型同步"设置

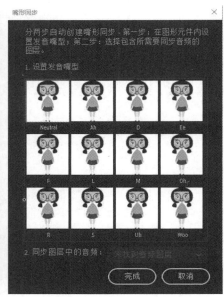

图3-22 "影片剪辑"元件属性面板

间""创建补间动画""创建补间形状"快捷按钮，增加了"混合"模式选项。如图3-25所示。

（4）"文档"：可修改当前文档和发布设置，增加了"贴紧至对象""贴紧对齐""显示标尺""锁定辅助线"快捷按钮。如图3-26所示。

（二）Animate CC 2020工具栏

用户可根据需要和习惯自定义工具栏面板，如添加、删除、分组或重新排序等操作。如图3-27所示。

Animate CC 2020的工具栏可自由组合、拖放工具模块，通过省略符号按钮■可以打开更多工具。基于专家参数设置调整了常用工具面板，可将工具栏分成选择和变形区域、绘图区域、编辑区域、查看区域和颜色区域；另外颜色区域下方会依据某些具体的工具而出现该工具相应的选项，增强该工具的功能。通过界面右上角的工作区按钮■可保存当前面板。如图3-28所示。

1. 选择和变形工具

选择和变形工具主要包括："选择工具"▶、"部分选择工具"▶、"任意变形工具"▦、"渐变变形工具"▦、"套索工具"◐、"多边形工具"◣、"魔术棒工具"✦、"资源变形工具"✚和"3D工具"◉。

（1）"选择工具"：快捷键为【V】键，主要用于对整个对象进行调整。

（2）"部分选择工具"：快捷键为【A】键，主要用于形状对象

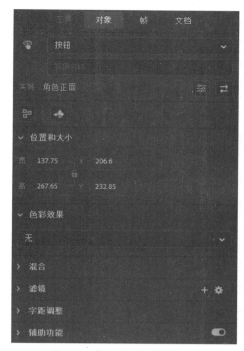

图3-23 "按钮"元件属性面板

图3-24 对象为"形状"时的属性面板

图3-25 "帧"属性面板

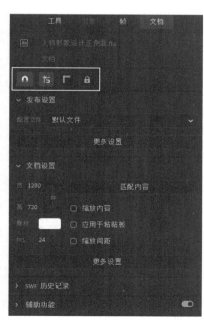

图3-26 "文档"属性面板

图3-27 自定义工具栏面板

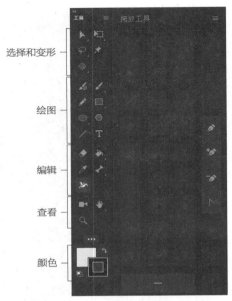

图3-28　调整过的常用工具面板

的选择、移动，节点的编辑、调整等。"部分选择工具"选中的对象轮廓线上将出现多个控制点，通过控制点可对其进行拉伸或修改曲线。

（3）"任意变形工具"：快捷键为【Q】键，可结合选项中的任意变形、旋转与倾斜、缩放、扭曲对舞台中的元素进行变形处理。如图3-29所示。

图3-29　"任意变形工具"下拉菜单

（4）"渐变变形工具"：主要用于调整渐变色彩的位置、宽度和角度。

（5）"套索工具""多边形工具"和"魔术棒工具"：可自由选定要选择的元素区域进行调整。

（6）"资源变形工具"：快捷键为【W】键，可以为Animate中的形状、绘制对象和位图创建变形手柄，通过拖动变形手柄改变对象的形状，适合做一些形体变化的变形动画。

如在下面的案例中，使用"资源变形工具"悬浮在"鱼"的合适位置，当鼠标变成 时单击即可添加变形手柄，可连续添加多个变形手柄；当鼠标变成 时单击变形手柄即可改变对象的形状；当鼠标变成 时单击变形手柄即可旋转对象；使用

【Delete】键可删除资源变形手柄；按住【Shift】键并单击资源变形手柄可选择多个手柄调整形状。如图3-30所示。

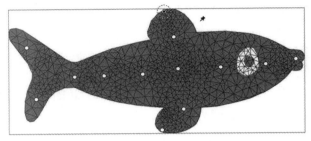

图3-30　利用"资源变形工具"调整对象形状

（7）"3D工具"分为"3D旋转工具"和"3D平移工具"：可对在舞台中的影片剪辑元件进行3D空间中的移动和旋转来创建3D效果。如图3-31所示。

图3-31　"3D工具"下拉菜单

2. 绘图工具

绘图区域主要包括"文字工具" 、"线条工具" 、"铅笔工具" 、"画笔工具" 、"矩形工具" 、"椭圆工具" 、"多角星形工具" 和"钢笔工具" 。

（1）"文字工具"：可对文字进行字符和段落的设置。打开"文字工具"的属性面板，可以对文字的字符大小、颜色、字号，段落的对齐方式和间距等进行调整。如图3-32所示。

（2）"线条工具"：用于绘制任意角度的矢量直线。当光标变为十字形状，即可绘制任意方向的直线。按住【Shift】键可绘制水平、垂直或任意45°角倍数的直线。如图3-33所示。

选择"线条工具"后，打开"线条工具"的属性面板，可以对线条的颜色、笔触大小、线条宽度等参数进行设置。如图3-34所示。

线条的样式有实线、虚线、点状线、锯齿线、点刻线、斑马线等，也可以通过右侧的"编辑笔触样式"按钮打开"笔触样式"对话框自定义笔触样式。如图3-35所示。

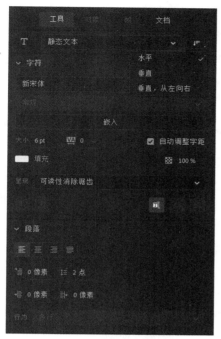

图3-32 "文字工具"属性面板

图3-33 线条的绘制

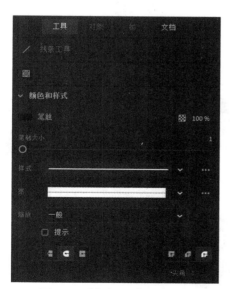

图3-34 "线条工具"属性面板

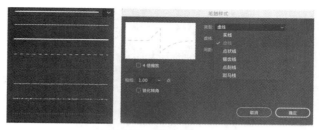

图3-35 线条的样式

也可点击"画笔库"选项，打开"画笔库"面板选择合适的画笔作为笔触样式。如图3-36所示。

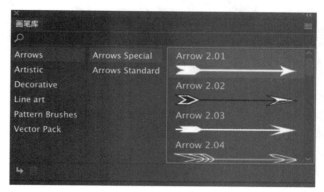

图3-36 "画笔库"面板

"宽"选项可选择线条的宽度配置样式，如图3-37所示。默认状态为"均匀"宽度。

"端点"选项有"平头" 、"圆头" 和"矩形" 三种，用于设置线条两端的样式；"接合"选项可以设置两条线段相连时拐角端点的样式，有"尖角" 、"圆角" 和"斜角" 三种，如图3-38所示。

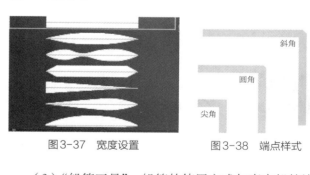

图3-37 宽度设置　　　图3-38 端点样式

（3）"铅笔工具"：铅笔的使用方式与真实铅笔比较相近，可以绘制任意的线条和形状，在属性面板中可以设置铅笔的颜色、笔触大小、样式、宽度、平滑等属性。如图3-39所示。

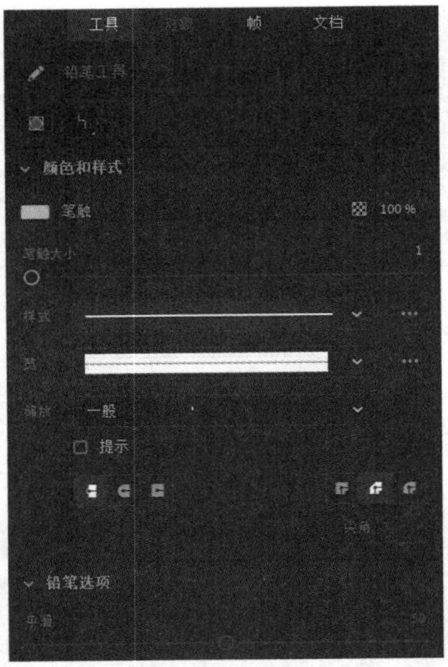

图3-39 "铅笔工具"属性面板

"铅笔工具"包含三种模式："伸直""平滑""墨水"，如图3-40所示。

① "伸直"：适合绘制规则线条组合而成的图形，如矩形、三角形等几何图形。

② "平滑"：适合绘制比较平滑没有锯齿的线条。

③ "墨水"：适合绘制接近手写的线条。

不管"铅笔工具"处于何种模式下，只要按住【Shift】键即可绘制水平或垂直的直线。

（4）"画笔工具"：Animate CC 2020为用户提供了三种画笔模式，包含"传统画笔工具" 、"画笔工具" 和"流畅画笔工具" 。

① "传统画笔工具"：使用填充颜色进行绘制，

选择"传统画笔"时工具栏选项面板会显示"对象绘制""画笔模式""使用压力"和"使用斜度"等几个选项，在工具属性面板也会出现相应的选项按钮，如图3-41所示。

"对象绘制" ![]：在该模式下绘制的笔触是带路径的独立对象，通过部分选取工具可以对其路径进行调整，且与之前的笔触不会重叠。

"锁定填充" ![]：使用该按钮可以自动锁定上一次绘制时的笔触颜色变化，当颜色为渐变色彩时，锁定填充只能复制上一次渐变颜色的部分色彩，如图3-42所示。

"画笔模式" ![]：单击该按钮下拉菜单有五种画笔模式，如图3-43所示。

◇ "标准绘画"模式：绘制的笔触会覆盖下面的对象，包括线条和填充色；

◇ "颜料填充"模式：仅对原来填充的色彩或空白区域进行绘制而不影响线条；

◇ "后面绘画"模式：在原有对象的后面进行绘制而不影响原有对象的线条和色彩；

◇ "颜料选择"模式：仅对所选对象区域的颜色进行绘制；

◇ "内部绘画"模式：绘制区域限定于起始笔触所在的位置而不影响画笔所在区域之外的填充区域，且不会影响线条。

"使用压力" ![]与"使用斜度" ![]在电脑设备装有手绘屏或手绘板时会弹出这两个选项。如图3-44所示。

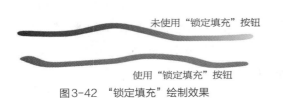

图3-40 铅笔工具的三种模式及绘图效果

图3-41 "传统画笔工具"选项按钮

未使用"锁定填充"按钮

使用"锁定填充"按钮

图3-42 "锁定填充"绘制效果

图3-43 五种画笔模式及绘画效果

图3-44　"使用压力"和"使用斜度"按钮

通过画笔属性面板的"颜色和样式"选项可设置画笔的笔触颜色和填充；画笔大小和平滑度可通过属性面板中的滑块自由调整；单击"画笔形状" ，在弹出的下拉菜单中有9种笔触形状可供用户选择，通过画笔属性面板中的"传统画笔选项"区域最右边的"加" ➕、"删除" 🗑 及"编辑" ✏ 按钮打开"笔尖选项"面板自定义画笔形状。如图3-45所示。

图3-45　"画笔形状"与"笔尖选项"设置

② "画笔工具"：使用笔触颜色进行绘制，选择"画笔工具"时在工具栏选项面板会显示"对象绘制""画笔模式""使用压力"和"使用斜度"等几个选项；在属性面板会显示"对象绘制""画笔模式""绘制为填充色""使用压力"和"使用斜度"等几个选项。如图3-46所示。

图3-46　"画笔工具"选项按钮与绘制模式

"对象绘制" 🔲、"使用压力" 🖊 与"使用斜度" 🖊 按钮的用途效果与普通画笔一样；"画笔模式"按钮包含三种模式："伸直""平滑"和"墨水"，效果与铅笔模式一致；"绘制为填充色" 🔲 按钮可将画笔生成的形状设置为笔触或填充区域。

单击"画笔工具"按钮，在属性面板的"颜色和样式"选项下可以对笔触颜色、大小、样式、宽度进行更改，点击"样式"右边的 🔲 按钮选择"画笔库"选项，在"画笔库"面板双击选中的画笔，即可重新在"样式"中找到用户选中的画笔。如图3-47选择了"Arrow 2.14"画笔，重新点击画笔属性面板中的"样式"下拉箭头即可找到"Arrow 2.14"画笔。

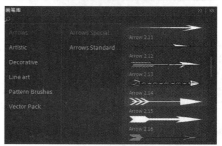

图3-47　画笔样式与"画笔库"编辑

若用户对"Arrow 2.14"画笔不满意，可点击"样式"右边的 🔲 按钮选择"编辑笔触样式"按钮打开所选笔触的选项，打开所选笔触的"画笔选项"面板对当前笔触样式进行调整。如图3-48所示。

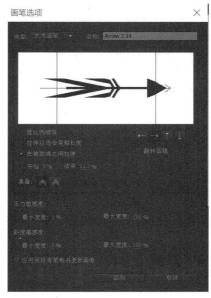

图3-48　"画笔选项"艺术画笔面板

图3-49 "画笔选项"图案画笔面板

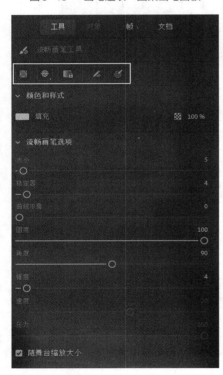

不带曲线平滑　　　　带曲线平滑

图3-50 "流畅画笔工具"面板与平滑效果

图3-51 "矩形工具"下拉菜单

◇ "类型"：有艺术画笔和图案画笔；

◇ "名称"：可更改现有画笔的名称；

◇ "按比例缩放"：按比例缩放画笔大小且不拉伸画笔；

◇ "拉伸以适合笔触长度"：根据当前绘制的笔触的长度拉伸画笔；

◇ "在辅助线之间拉伸"：在辅助线之间拉伸画笔；

◇ "重叠"：指定是否调整边角和折痕以防止重叠；

◇ "翻转图稿"：翻转画笔形状；

◇ "压力敏感度"：设置最小压力和最大压力百分比值，分别对应最小笔触宽度和最大笔触宽度，数值为"1~100"的整数；

◇ "斜度敏感度"：设置最小斜度和最大斜度百分比值，分别对应最小笔触宽度和最大笔触宽度，数值为"1~100"的整数；

◇ "应用至现有笔触并更新画笔"：将新的设置属性应用于以前绘制的笔触。如图3-49所示。

"图案画笔"与"艺术画笔"不同之处有：

◇ "伸展以适合""增加间距以适合"和"近似路径"：这些选项指定如何沿笔触应用图案拼接；

◇ "翻转图稿"：对所选图案进行水平或垂直翻转；

◇ "间距"：设置图案之间的间距，默认值为"0"；

◇ "角部"：根据所选笔触自动生成转角部位的拼接方式，包括无、中间、侧面、切片和重叠，默认选项是"转为图稿侧面"。

③ "流畅画笔工具"：Animate CC 2020工具栏中新添加了"流畅画笔工具"，除了常规画笔选项外，"流畅画笔工具"还包含"压力""速度""曲线平滑""圆度""角度"和"锥度"等参数设置，可表现出独特的手绘风格。如图3-50所示。

（5）"矩形工具"：单击工具栏的"矩形工具"，下拉菜单弹出"矩形工具"和"基本矩形工具"两个选项。按住【Shift】键拖动鼠标，可以绘制正方形，按住【Alt】（Win）或【Option】（Mac）并拖动鼠标可以舞台上以某个点为中心进行绘制。如图3-51所示。

打开"矩形工具"的属性面板，有以下属性可以调整：在"颜色和样式"区域可以设置矩形的笔触颜色，即边框颜色，也可以设置矩形的内部填充颜色；"样式"用于设置矩形边框的线条样式，可以使用默认线条也可以使用图案作为线条样式，具体方法与"画笔工具"操作一致；"宽"用于设置矩形边框的粗细和样式；"缩放"用于设置矩形的缩放模式，包括"一般""水平""垂直"和"无"四个选项，当"宽"为"均匀"时，"缩放"的四个选项才生效；"端点""接合"和"尖角"用于设置矩形边框线接合的形式；"矩形选项"用于设置矩形的四个边角半径或单个边角半径。

"基本矩形工具"与"矩形工具"的属性面板设置几乎一致，不同的是没有对象绘制模式，因为"基本矩形工具"将形状作为单独的对象来绘制，这些形状与对象绘制模式创建的形状不同。如图3-52所示。

创建基本形状后，允许用户使用属性面板中"边角半径控件"来调整矩形的边角半径，或直接在舞台区域选中绘制的基本矩形，用"部分选择工具" （快捷键【A】）随意调整矩形的边角半径；而对象绘制模式需提前预设好参数。如图3-53所示。

（6）"椭圆工具"：单击工具栏的"椭圆工具"，下拉菜单弹出"椭圆工具"和"基本椭圆工具"两个选项。按住【Shift】键拖动鼠标，可以绘制正圆，按住【Alt】（Win）或【Option】（Mac）并拖动鼠标可以舞台上以某个点为中心进行绘制。如图3-54所示。

打开"椭圆工具"的属性面板，有以下属性可以调整，如图3-55所示。

在"颜色和样式"区域可以设置椭圆的笔触颜色，即边框颜色，也可以设置椭圆的内部填充颜色；"样式"用于设置椭圆边框的线条样式，可以使用默认线条也可以使用图案作为线条样式，具体方法与"画笔工具"操作一致；当绘制形状为扇形、半圆形及其他有创意的形状时，属性面板中的"宽"用于设置形状边框的粗细样式；"缩放"用于设置形状的缩放模式，包括"一般""水平""垂直"和"无"四个选项，当"宽"为"均匀"时，"缩放"的四个选项才生效；"端点""接合"和"尖角"用于设置形状边框线的连接形式。

"椭圆选项"区域用于设置椭圆的"开始角度"和"结束角度"，可将椭圆和圆形的形状修改为扇形、半圆形及其他有创意的形状；用户可以拖动"内径"控制条调整椭圆内径的大小（即内侧空心的椭圆或删除的填充），数值为"0～99"，表示删除与填充的百分比；默认情况下选择"闭合路径"，如果未对生成的形状应用任何填充，仅绘制笔触，可将路径设置为开放路径；"重置"按钮用于重置椭圆工具的所有控件，并将在舞台上绘制的形状恢复为原始大小和形状。如图3-56所示。

"基本椭圆工具"与"椭圆工具"的属性面板设置几乎一致，不同的是没有对象绘制模式，因为"基本椭圆工具"将形状作为单独的对象来绘制。这些形状与对象绘制模式创建的形状不同。如图3-57所示。

图3-52　"矩形工具"与"基本矩形工具"属性面板对比

对象绘制模式　　　基本矩形模式

图3-53　对象绘制模式与基本矩形模式绘制效果对比

图3-54　"椭圆工具"下拉菜单

图3-55　"椭圆工具"属性面板

方形斜角　　圆角　　尖角

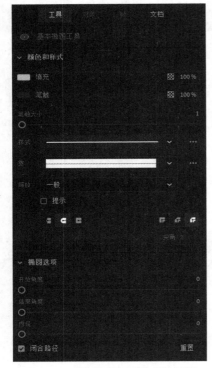

图3-56 "椭圆选项"设置面板

图3-57 "基本椭圆工具"属性面板

创建基本形状后，允许用户通过属性面板中角度和内径控件来修改形状，或直接在舞台区域选中绘制的基本椭圆，用"部分选择工具" ▶（快捷键【A】）随意调整椭圆的角度和内径。如图3-58所示。

图3-58 椭圆工具和基本椭圆工具绘制效果对比

（7）"多角星形工具"：使用"多角星形工具"可以绘制"3～32"任意边数的多边形和多角星形。在"多角星形工具"的属性面板中，"颜色和样式"选项区域的大部分参数与矩形、椭圆绘制工具相近，在"工具选项"菜单中，可以对样式、边数和顶点大小进行具体设置。如图3-59所示。

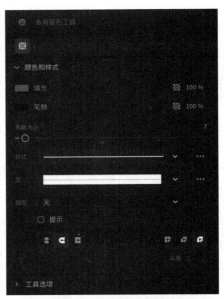

图3-59 "多角星形工具"属性面板

◇ "样式"：可以选择"多边形"或"星形"；

◇ "边数"：用于设置绘制的图形边数，数值为"3～32"；

◇ "星形顶点大小"：用于设置绘制的图形顶点深度，数值为"0～1"，此数字越接近"0"，创建的顶点就越深，如果是绘制多边形，应保持默认数值。如图3-60所示。

图3-60 "边数"设置为"10"，"星形顶点大小"分别设置为"0.5"与"1"的效果

（8）"钢笔工具"：用于绘制带路径的精确对象，通过路径上的锚点可以调整对象的曲度和平滑度。点击"钢笔工具"弹出下拉菜单，包含四个选项："钢笔工具""添加锚点工具""删除锚点工具"和"转换锚点工具"。如图3-61所示。

图3-61　"钢笔工具"下拉菜单

"钢笔工具"在不同绘制状态下，指针指示形态各不相同，具体如下：

◇ "初始锚点指针"：选中"钢笔工具"后默认状态下的指针，它是新路径的开始；

◇ "连续锚点指针"：表示"钢笔工具"正在使用中，单击可以创建下一个锚点，并与前一个锚点相连接；

◇ "添加锚点指针"：表示单击鼠标时将对当前所选路径添加一个锚点，并且"钢笔工具"不能位于现有锚点的上方，且一次只能添加一个锚点；

◇ "删除锚点指针"：表示单击鼠标时将删除当前所选路径的一个锚点；

◇ "闭合路径指针"：表示单击鼠标时将在当前绘制路径的起始点处闭合路径；

◇ "回缩贝塞尔手柄指针"：表示单击鼠标时将回缩贝塞尔手柄，并使得穿过锚点的弯曲路径恢复为直线段；

◇ "转换锚点指针"：在需要修改锚点的位置点击并拖动可将不带手柄的锚点转换为带手柄的锚点，可使用【Shift+C】（Win）或【Option+C】（Mac）

功能键快速启动转换锚点指针工具。

3. 编辑和查看工具

编辑区域的工具主要包括"骨骼工具"（快捷键【M】）、"颜料桶工具"（快捷键【K】）、"墨水瓶工具"（快捷键【S】）、"滴管工具"（快捷键【I】）、"橡皮擦工具"（快捷键【E】）和"宽度工具"（快捷键【U】）等。

查看区域的工具主要包括"摄像头工具"（快捷键【C】）、"手形工具"（快捷键【H】）和"缩放工具"（快捷键【Z】）。

（1）"骨骼工具"：Animate CC 2020 为用户提供了"骨骼工具"，如图3-62所示。利用反向运动原理使用骨骼工具对象按父子关系连成线性或树枝状的骨架，从而可以方便地创建动画运动。"骨骼工具"包含"骨骼工具"和"绑定骨骼"，它支持的绑定对象有形状和元件。具体运用参见第五章骨骼动画内容的讲解。

图3-62　"骨骼工具"下拉菜单

（2）"颜料桶工具"："颜料桶工具"主要用于图形的色彩填充，可以使用纯色、渐变色及位图对一个或多个图形进行填充。"颜料桶工具"属性面板包含"间隙大小""锁定填充""颜色和样式"和"油漆桶选项"。如图3-63所示。

图3-63　"颜料桶工具"属性面板

在工具栏中选择"颜料桶工具"→选择相应的填充颜色和样式→在工具面板底部的选项区域选择图形对象的间隙大小→选择一个合适的间隙大小→单击要

填充的形状或封闭区域。"间隙大小"分为"不封闭空隙""封闭小空隙""封闭中等空隙"和"封闭大空隙"四种，如图3-64所示。如果空隙实在很大需要手动调整空隙大小。

图3-64　"空隙大小"下拉菜单

①渐变或位图填充变形：结合"渐变变形工具"（快捷键【F】）可以使渐变填充或位图填充变形。单击用渐变或位图填充的区域，系统将显示一个带有编辑手柄的边框，如图3-65所示。

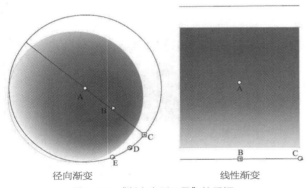

径向渐变　　　　　　　线性渐变

图3-65　"渐变变形工具"的手柄

径向渐变与线性渐变的控制手柄略有不同，径向渐变中的5个字母分别代表：A中心点、B焦点、C大小、D缩放、E旋转；线性渐变中的3个字母分别代表：A中心点、B缩放、C旋转。通过鼠标拖动这几个点即可对渐变填充进行变形处理。

位图填充也可通过"渐变变形工具"进行变形处理，位图填充变形手柄共有7个，如图3-66所示。A为中心点、B为等比缩放、C为水平方向挤压或拉伸、D为水平方向倾斜、E为旋转、F为垂直方向倾斜、G为垂直方向挤压或拉伸。

②"锁定填充"：使用"锁定填充" 功能可以锁定渐变色或位图，同时对多个不同的形状进行填充，使填充看起来好像扩展到整个舞台。

首先在"颜色"面板调整好渐变色→选择所有需要填充的图形对象→点击"颜料桶工具"→在选项区

选择"锁定填充"功能键→点击需要填充渐变色彩的区域，效果如图3-67所示。

（3）"墨水瓶工具"："墨水瓶工具"主要用于修改线条颜色或形状的边框颜色。打开"墨水瓶工具"的属性面板，用户可以对笔触的颜色和样式进行调整，修改笔触大小、宽度、缩放、端点、接口等，方法与"铅笔工具"一致。如图3-68所示。

（4）"滴管工具"："滴管工具"主要用于提取现有对象的线条、填充颜色或图片等信息，并可以将提取元素应用于其他图形上。如图3-69所示。

图3-66　位图填充工具控制手柄

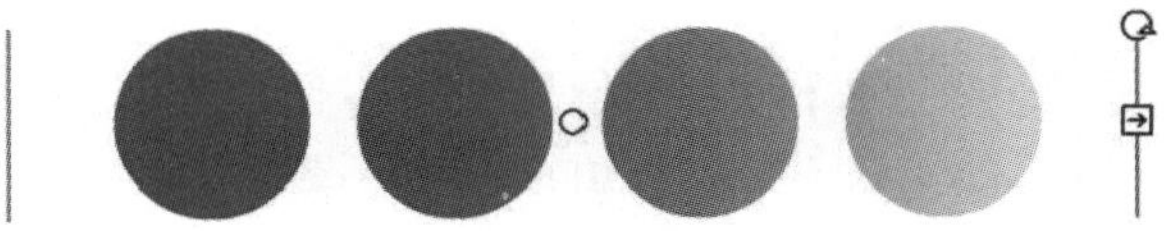

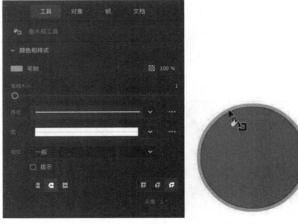

图3-67　"锁定填充"工具使用效果

图3-68　"墨水瓶工具"属性面板与使用效果

图3-69 "滴管工具"使用效果

当"滴管工具"提取填充颜色时，"滴管工具"的光标下方会显示为黑色方框，并且切换为"颜料桶工具"；当"滴管工具"提取线条颜色时，"滴管工具"的光标下方会显示为空白方框，并且切换为"墨水瓶工具"。

（5）"橡皮擦工具"："橡皮擦工具"主要用于擦除舞台中的笔触和填充对象。选择"橡皮擦工具"后，工具栏的选项区域会显示"橡皮擦模式" 🔄 按钮。"橡皮擦工具"提供了五种模式："标准擦除""擦除填色""擦除线条""擦除所选填充"和"内部擦除"。如图3-70所示。

图3-70 "橡皮擦工具"的五种模式

◇ "标准擦除"：可以擦除同一图层中对象的笔触及填充；

◇ "擦除填色"：只擦除对象的填充，而不会擦除笔触；

◇ "擦除线条"：只擦除对象的笔触，而不会擦除填充；

◇ "擦除所选填充"：只擦除当前所选对象的填充，而不会擦除笔触及未选中的填充区域；

◇ "内部擦除"：只擦除"橡皮擦工具"起始笔触的填充，即连续不断的一次擦除，而不会擦除笔触。

在"橡皮擦工具"属性面板还添加了"水龙头" 🔧 按钮，可以快速地删除笔触或填充区域；"橡皮擦选项"有大小不等的圆形、方形10种形状供用户选择；在右侧的加号按钮可以打开"自定义橡皮擦"（与"笔尖选项"面板一致）设置"橡皮擦工

具"的形状和平度；提供了"随舞台缩放大小""将设定与传统画笔同步"和"擦除现用图层"选项。"将设定与传统画笔同步"功能可将设置好的橡皮擦设置，如压力、倾斜等与传统画笔同步。如图3-71所示。

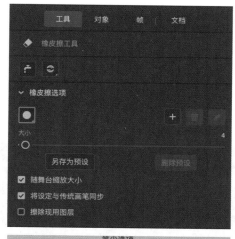

图3-71 "橡皮擦工具"属性面板与"自定义橡皮擦"设置

友情提示

若要擦除文字或图片，需要先将文字或位图分离（快捷键【Ctrl+B】/【Command+B】）。

（6）"宽度工具"："宽度工具"用于调整其他绘图工具绘制的笔触宽度，如图3-72所示，当鼠标右下角出现波浪号时可以拉宽该笔触，当鼠标右下角出现加号时可以改变形状。

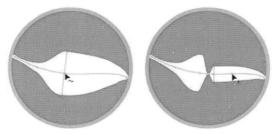

图3-72 "宽度工具"效果图

（7）"摄像头工具"：在Animate中，用户可以启用"摄像头工具"的旋转、缩放和平移功能追随舞台上的角色或对象，为摄像头图层添加补间或关键帧动画，从而获得更逼真的动画效果。"摄像头工具"适用于Animate中的所有内置文档类型，如HTML Canvas、WebGL和ActionScript。

单击工具栏中的"摄像头工具"或"时间轴"面板中的"添加摄像头" ▣，将在时间轴的最上层添加一个摄像头图层"Camera"，当前文档进入摄像头模式，舞台变为摄像头，舞台区域出现摄像头工具的控件，舞台边界显示为摄像头边框。如图3-73所示。

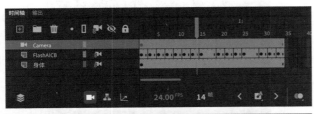

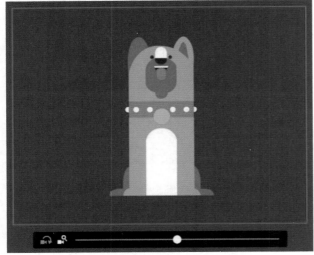

图3-73　"摄像头工具"使用效果

① "缩放摄像头"：使用屏幕上的"缩放控件" ▣并拖动滑块或设置摄像头工具属性面板中的"缩放"值可缩放对象，默认值为"100%"。

② "旋转摄像头"：使用屏幕上的"旋转控件" ▣并拖动滑块或设置摄像头工具属性面板中的"旋转"值可旋转角色对象，默认值为"0°"，数值范围为"180°～−180°"。

③ "平移摄像头"：在舞台摄像头图层的任意位置当鼠标变成 ▣图标时，左键不松即可平移拖动，

使用【Shift】键可水平或垂直平移。使用摄像头工具属性面板中的"摄像机设置"可以精确控制摄像头在X轴、Y轴方向上的平移坐标、缩放、旋转等属性。

以上缩放、旋转和平移值均可在"摄像机设置"区域进行重置，回到初始值。如图3-74所示。

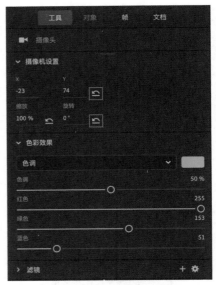

图3-74　"摄像机设置"面板

④ "色彩效果"：通过摄像头工具属性面板中的"色彩效果"可以对摄像头图层应用色调和滤镜效果。如图3-75所示，为小狗案例添加了色彩效果。

图3-75　调整摄像头的色彩效果

"滤镜"添加方法与其他工具一致。

（8）"手形工具"：包含"手形工具"（快捷键【H】）、"旋转工具"（快捷键【Shift+H】）、"时

间划动工具"｛快捷键【Shift+Alt+H】（Win）/
【Shift+Option+H】（Mac）｝。当舞台面积比较大时，
用"手形工具"可以调整舞台在视图窗口中的位
置，而不影响舞台中对象的位置。如图3-76所示。

点选"旋转工具"后，屏幕上会出现一个十字
形的旋转轴心点，如图3-76所示，单击舞台上的
任意位置可更改轴心点的位置，点击右上角的"舞
台居中"可将旋转过的舞台重置为默认视图。如
图3-77所示。

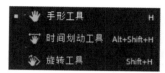

图3-76 "手形工具"下拉菜单和"旋转工具"的旋转轴心

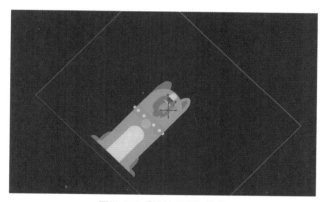

图3-77 "旋转工具"效果

点击"时间划动工具"可直接在舞台中拖拽查看
时间轴；或按【空格+T】临时启用该工具，同时鼠
标左键不松向左或向右拖动查看时间轴。如图3-78
所示。

图3-78 "时间划动工具"效果

（9）"缩放工具"："缩放工具"是最常用的视图查
看工具，用于缩放舞台对象的大小。点击"缩放工具"
后，在选项区域会出现"放大"🔍按钮和"缩小"🔍
按钮。按住【Alt】（Win）/【Option】（Mac）键可以快
速将放大功能切换为缩小功能。选择"缩放工具"后
可在舞台右上角的"视图比例"查看当前比例大小，
也可以通过"视图比例"下拉菜单快速切换大小。

4. 颜色工具

颜色区域主要用于设置填充颜色的前景色与背景
色，以及还原黑白颜色按钮📱。

第二节 图形图像的创建与编辑

◎ 内容结构

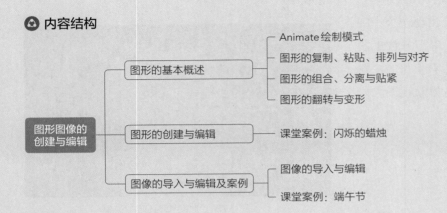

◎ 学习目标

上一小节主要介绍了 Animate CC 2020 的界面和工作区及常用工具的操作。本节主要介绍图形的绘制模式、排列与对齐、组合与分离、翻转与变形等基本操作，利用常用工具进行图形图像的创建与编辑、色彩的填充等操作。

本小节涉及的案例：闪烁的蜡烛、端午节。

一、图形的基本概述

（一）Animate 绘制模式

Animate 在进行图形绘制时有三种模式可供选择：合并绘制模式、对象绘制模式与基本绘制模式。默认绘制模式为合并绘制模式。

1. 合并绘制模式

在该模式下绘制图形时，若为同色图形，该图形重叠的形状将被合并；若为异色图形，重叠的形状将替代原图形形状，如果移除或删除已经与原形状合并的形状，则合并的部分将被删除。如图3-79所示。

2. 对象绘制模式

在该模式下绘制的图形重叠的形状不会合并，它们仍互相独立，可再次编辑。对象绘制模式与合并绘制模式可以相互转换。选取图形对象，按快捷键【Ctrl+B】（Win）或【Command+B】（Mac）进行分离，或在菜单栏选择"修改"→"分离"。若要将对象绘制模式转换为合并绘制模式，可选取形状在菜单栏选择"修改"→"合并对象"→"联合"。如图3-80所示。

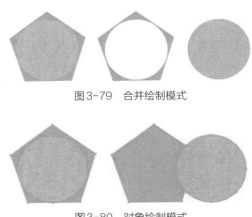

图3-79 合并绘制模式

图3-80 对象绘制模式

3. 基本绘制模式

利用"基本矩形工具"或"基本椭圆工具"绘制的图形即为基本绘制图形，与合并绘制模式和对象绘制模式不同，基本绘制模式可以修改图形的角度和内径，具体见上一节常用工具介绍。

（二）图形的复制、粘贴、排列与对齐

1. 图形的复制与粘贴

用户通过工具面板中的"选择工具"可进行图形对象的移动操作，通过菜单栏"编辑"→"复制"或"粘贴"命令可对绘制的图形进行复制粘贴操作，其中"粘贴"有"粘贴到中心位置"和"粘贴到当前位置"两种。

"粘贴到中心位置"快捷键为【Ctrl+V】（Win）/【Command+V】（Mac），会将复制的图形粘贴到舞台的中心；"粘贴到当前位置"快捷键为【Ctrl+Shift+V】（Win）/【Command+Shift+V】（Mac），会将复制的图形进行原位粘贴。

另一种"直接复制"命令可对图形对象进行重复的规律性复制，在菜单栏选择"编辑"→"直接复制"或按快捷键【Ctrl+D】（Win）/【Command+D】（Mac）。如图3-81所示为"直接复制"3次的结果。

图3-81 "直接复制"3次的效果图

2. 图形的排列

当舞台中有多个图形对象发生层叠时，可通过菜单栏"修改"→"排列"命令，或通过鼠标右键选择"排列"命令，可修改图形对象的上下层叠顺序。可将图形对象"移至顶层""上移一层""下移一层""移至底层"或将图形"锁定"。"锁定"的图形对象将暂时无法移动，可通过"解除全部锁定"功能恢复。如图3-82所示，底层的五角星图形通过"移至顶层"命令移到了最上层。

3. 图形的对齐

当舞台中有多个图形对象时，可以通过菜单栏

图3-82 多个图形的前后排列关系

打开"对齐"面板，或快捷键【Ctrl+K】（Win）/【Command+K】（Mac）打开"对齐"面板，在"对齐"选项区修改图形对象的对齐方式，包括"左对齐""水平居中""右对齐""顶对齐""垂直居中"和"底对齐"。在"分布"选项区可修改图形对象的分布方式，包括"顶部分布""垂直居中分布""底部分布""左侧分布""水平居中分布"和"右侧分布"。或选中图形，点击鼠标右键，在"对齐"下拉菜单选择相应的对齐方式。如图3-83所示。

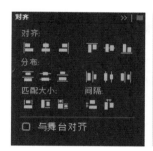

图3-83 "对齐"面板

在"匹配大小"选项区可修改图形对象的宽度和高度，包括"匹配宽度""匹配高度"和"匹配宽度和高度"。"垂直平均间隔"和"水平平均间隔"可调整图形对象垂直或水平方向上的间隔距离。如图3-84所示，左边为未使用"垂直平均间隔"命令的图形，右边为使用"垂直平均间隔"命令后的效果。

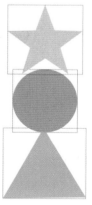

图3-84 "垂直平均间隔"命令的使用对比

"与舞台对齐"复选框可使对象以舞台为参考标准进行对齐与分布等设置。若取消"与舞台对齐"复选框，则将以选择的对象为参照。如图3-85所示，左边为未使用任何对齐方式，右边为勾选"与舞台对齐"复选框后使用"垂直居中分布"的效果。

图3-85　以舞台为参考标准的对齐与分布设置

（三）图形的组合、分离与贴紧

1. 组合对象

用户在进行图形绘制时可以使用组合功能避免图形之间的自动合并，在菜单栏选择"修改"→"组合"命令或按快捷键【Ctrl+G】（Win）/【Command+G】（Mac），即可组合对象。

2. 分离对象

对已经组合的形状、组、元件、文本、位图及矢量图形等元素可使用分离功能将其打散为独立的对象，一次不够时，可执行多次分离操作，直至对象成为点阵图。在菜单栏选择"修改"→"分离"命令，快捷键【Ctrl+B】（Win）/【Command+B】（Mac）；或在菜单栏选择"修改"→"取消组合"命令，得到的效果与"分离"命令一致。

如图3-86所示，组合对象经过一次"分离"后变为形状，再次"分离"后变为点阵图。

图3-86　图形的多次分离

3. 贴紧对象

Animate CC 2020提供了五种贴紧方式，用户在进行图形绘制与编辑时可自动对齐。菜单栏下的"视图"→"贴紧"命令如图3-87所示，有以下几种。

（1）"贴紧对齐"：该功能主要用于对象之间或对象与舞台边缘的对齐。如图3-88所示，将圆形拖至三角形旁边时会显示边缘对齐线。

（2）"贴紧至网格"：该功能主要用于对象绘制的边缘与网格边缘之间的对齐。首先点击菜单栏"视图"→"网格"→"显示网格"命令，"编辑网格"命令可设置网格的尺寸大小，默认为"10像素×10像素"。如图3-89所示，在网格舞台上绘制矩形时，对象边缘将自动对齐网格边缘。

图3-87　五种贴紧方式

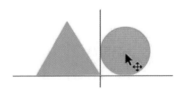

图3-88　"贴紧对齐"效果

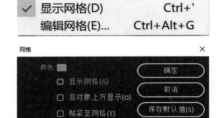

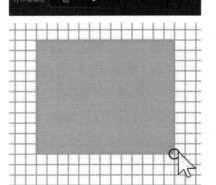

图3-89　"贴紧至网格"设置与效果

（3）"贴紧至辅助线"：该功能主要用于图形对象的中心与辅助线贴紧。点击菜单栏"视图"→"标尺"命令，使用"选择工具"拉出辅助线，将图形对象中心拖动至辅助线，如图3-90所示。

（4）"贴紧至像素"：该功能主要用于图形对象与单独的像素或像素的线条贴紧。贴紧至像素线条的方法与"贴紧至网格"一致。

（5）"将位图贴紧至像素"：该功能主要在创作时将位图贴紧至最近的像素，使其在舞台上看起来更突出。在使用"将位图贴紧至像素"时同时勾选"贴紧对齐"功能，如图3-91所示，当拖动头像位图至五角星像素图时将出现对齐的参考线。

（6）"编辑贴紧方式"：该功能主要用于编辑贴紧对齐方式的选项，在高级选项中可设置对齐容差的参数值，如图3-92所示。

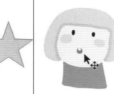

图3-90 "贴紧至辅助线"
效果

图3-91 "将位图贴紧至像素"
效果

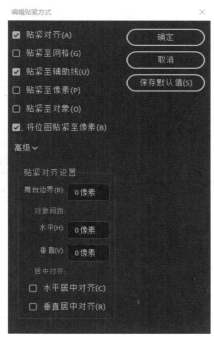

图3-92 "编辑贴紧方式"面板

（四）图形的翻转与变形

1. 图形的翻转

选中图形对象，在菜单栏选择"修改"→"变形"命令，在下拉菜单可以选择"垂直翻转"或"水平翻转"；或在菜单栏点击"窗口"→"变形"，打开"变形"面板，在面板中点击"垂直翻转" 或"水平翻转" ，即可翻转图形对象。如图3-93所示，右图为使用"水平翻转"功能后的效果。

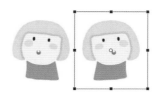

图3-93 图形的翻转

2. 图形的变形

选择工具栏的"变形工具"（快捷键【Q】），或点击菜单栏"修改"→"变形"命令，可以设置图形对象的"贴紧至对象" 、"旋转与倾斜" 、"缩放" 、"扭曲" 和"封套" 功能。如图3-94所示。

图3-94 "变形"面板

（1）"旋转与倾斜"：选中需要调整的图形对象，在工具栏选择"任意变形工具"，并在选项区点选"旋转与倾斜" 按钮。如图3-95所示，当光标为上下或左右箭头时可调整图形对象的倾斜角度，当光标

图3-95 "旋转与倾斜"效果

为旋转箭头时可调整图形对象的旋转角度；或直接在"变形"面板中调整"旋转"与"倾斜"的角度。

通过"变形"面板的"旋转"功能结合面板右下角的"重置选区和变形" 功能，可将同一个图形对象以一定角度进行复制并旋转，如图3-95所示的最右侧图为旋转角度"30"、点击1次"重置选区和变形"按钮后的效果。

（2）"缩放"：选中需要调整的图形对象，在工具栏选择"任意变形"工具，并在选项区点选"缩放" 按钮。如图3-96所示，当光标为双向箭头时可调整图形对象的水平方向或垂直方向上的缩放，或在图形对象的斜对角同时缩放水平和垂直方向，或直接在"变形"面板中调整"缩放"大小参数，并可约束水平和垂直方向。

图3-96 "缩放"与"扭曲"效果

（3）"扭曲"：选中需要调整的图形对象，在工具栏选择"任意变形"工具，并在选项区点选"扭曲" 按钮。如图3-96所示，当光标为空心箭头时可调整所选图形对象的某一个控制点；当按住【Shift】键时，光标变成带双向实心箭头时，可同时调整图形对象相对的两个控制点，实现图形对象的"锥形"处理。

（4）"封套"：选中需要调整的图形对象，在工具栏选择"任意变形"工具，并在选项区点选"封套" 按钮。如图3-97所示，五角星图形对象四周的点显示为带手柄的控制点，拖动这些手柄及控制点可调整为任意形状。

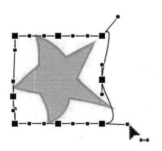

图3-97 "封套"效果

二、图形的创建与编辑

课堂案例：闪烁的蜡烛

"闪烁的蜡烛"案例
视频教学

1. 案例知识点

通过本案例，掌握运用矩形、线条、钢笔等常用工具进行图形的创建与编辑。

2. 案例操作步骤

（1）在菜单栏上点击"文件"→"新建"，打开"新建文档"对话框，或者通过快捷键【Ctrl+N】（Win）/【Command+N】（Mac）打开"新建文档"对话框，选择"高级"选项；舞台大小改为"1920×1080"像素，类型选择第一个"ActionScript 3.0"；在属性面板"文档"区修改舞台背景颜色为"#182C57"。

（2）点击"矩形工具"，设置笔触颜色为黑色、填充颜色为白色，"笔触大小"为"10"，"矩形选项"为"10"；在舞台中间绘制一个长方形。如图3-98所示。

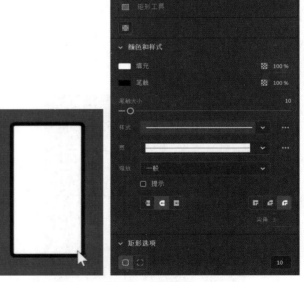

图3-98 绘制矩形

（3）使用"选择工具"调整矩形下端的线条造型，按住【Ctrl】（Win）/【Option+Command】（Mac）键拖动，可将直线分成两段直线，在此基础上进行弧度调整，并修改形状的"端点"和"接合"均为"圆角"，效果如图3-99所示。

（4）将图层1修改为"白底"，新建一个图层名为"五官"，点击"椭圆工具"，按住【Shift】键绘制一个无边框的黑色正圆，按住【Alt】键拖动该圆，并调整位置，使圆形作为蜡烛的"眼睛"；修改填充颜色为"#ff0099"，在眼睛下方绘制椭圆腮红；选择"直线工具"，修改"笔触大小"为"5"，绘制一条直线作为嘴巴，并用"选择工具"按住【Ctrl】键调整线条造型；用"矩形工具"绘制手臂。效果如图3-100所示。

图3-99　使用"选择工具"　　图3-100　绘制蜡烛的身体
　　　　　调整造型　　　　　　　　　　　造型

（5）新建"火苗"图层，使用"钢笔工具"绘制火苗造型，在"颜色"面板中选择"线性渐变"并调整色彩，使用"颜料桶工具"填充火苗造型；再按住【Alt】键复制火苗造型，调整大小和颜色，效果如图3-101所示。

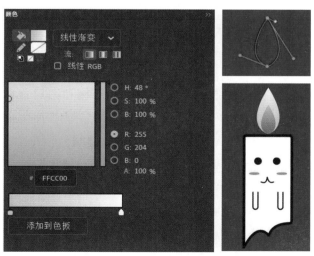

图3-101　绘制蜡烛的火苗造型

三、图像的导入与编辑

（一）导入与编辑

1. 支持的图像格式

Animate可支持不同的矢量或位图文件格式，个别图像格式取决于用户使用的平台是否安装有QuickTime4或更高版本。具体如表3-1所示。

表3-1　Animate支持的图像格式

文件类型	扩展名	Win系统	Mac系统
Adobe Illustrator	.ai、.eps	√	√
Adobe PhotoShop	.psd	√	√
AutoCAD® DXF	.dxf	√	√
增强的Windows元文件	.emf	√	—
FutureSplash Player	.spl	√	√
Windows元文件	.wmf	√	√
Adobe XML图形文件	.fxg	√	√
Flash Player	.swf	√	√
位图	.bmp	√	√
GIF和GIF动画	.gif	√	√
JPEG	.jpg	√	√
PNG	.png	√	√
QuickTime图像	.qtif	√	√
TIFF	.tif	√	√

2. 图像导入舞台或库

图像可以导入舞台或导入到库，在菜单栏选择"文件"→"导入"，下拉菜单选择"导入到舞台"或"导入到库"。打开"导入"对话框，选择需要导入的图像文件，点击"打开"按钮即可将其导入舞台或库。若要同时导入多个文件，可框选或按住【Ctrl】键点选即可。

3. 编辑位图属性

导入的图像可通过属性面板进行设置。在"库"面板中点选图像并右击，在弹出的菜单中选择"属性"命令，打开"位图属性"对话框进行设置，如图3-102所示。

◇"选项"区包含图像的基本信息，如名称、路径、导入日期、大小等；

图3-102 "位图属性"对话框

◇ "允许平滑"复选框可以消除图像的锯齿边缘；

◇ 图形的压缩模式有"照片JPEG"和"无损PNG/GIF"；"品质"可以调节压缩数值大小；

◇ "更新"用于更新修改后的图形数据；

◇ "导入"用于选择新的图像替换原有图像；

◇ "测试"用于图像大小的压缩效果测试。

4. 分离位图

导入的位图可以通过菜单栏的"修改"→"分离"命令对其进行分离，或选中图像，点击右键，选择"分离"，或者通过快捷键【Ctrl+B】（Win）/【Command+B】（Mac）进行分离。如图3-103所示，被分离过的图像变成了点阵图。

图3-103 《夏至》（作者：阮佳怡）

5. 转换位图

位图可以转换为矢量图，首先选中需要转换的位图，在菜单栏选择"修改"→"位图"，在下拉菜单选择"转换位图为矢量图"，打开"转换位图为矢量图"对话框。如图3-104所示。

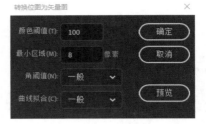

图3-104 "转换位图为矢量图"对话框

◇ "颜色阈值"：数值为"1 ~ 500"的整数，数值越大转换后的颜色信息丢失越多；

◇ "最小区域"：数值为"1 ~ 1000"的整数，数值越小精度越高；

◇ "角阈值"：用于设置锐边的保留或平滑处理，默认值为"一般"，"较多转角"会保留较多的边缘细节，"较少转角"保留的边缘细节较少；

◇ "曲线拟合"：用于设置轮廓的平滑程度，下拉菜单包括"像素""非常紧密""紧密""一般""平滑"和"非常平滑"，默认值为"一般"。

（二）课堂案例：端午节

"端午节"案例
视频教学

1. 案例知识点

通过本案例，掌握PhotoShop与Illustrator文件的导入与编辑。

2. 案例操作步骤

（1）Illustrator文件导入：启动Animate软件，新建默认大小的ActionScript3.0空白文档。

在菜单栏选择"文件"→"导入"→"导入到舞台"或"导入到库"命令，打开"导入"对话框，选择"端午背景.ai"文件，点击"打开"命令，打开"将'端午背景.ai'导入到舞台"对话框。如图3-105所示。

在对话框中可以选择相应的画板和图层；在"将图层转换为"选项中，可以设置图层为"Animate图层""单一Animate图层"或"关键帧"导入，如图3-106所示，此案例选择"单一Animate图层"。

◇ "将对象置于原始位置"：导入的AI文件的内容位置将与原Illustrator中一致；

◇ "导入为单个位图图像"：将AI文件作为位图整个导入；

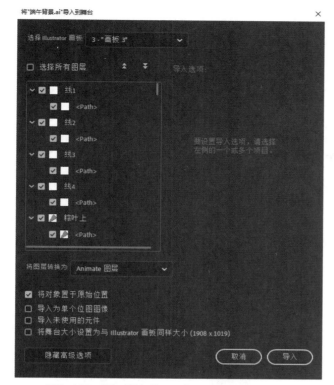

图3-105　"将'端午背景.ai'导入到舞台"对话框

图3-106　修改导入图层模式

◇ "导入未使用的元件"：在AI文件中不被使用的实例元件都将被导入Animate中；

◇ "将舞台大小设置为与Illustrator画板同样大小"：舞台大小将与AI文件的画板大小一致，默认为未选中状态。为了方便制作，在此案例中勾选该复选框。舞台大小将调整为"1909×1019"像素，同时调整舞台背景颜色，并勾选"应用于粘贴板"，效果如图3-107所示。

（2）PhotoShop文件导入：在菜单栏选择"文件"→"导入"→"导入到舞台"命令，打开"导入"对话框，选择"端午.psd"文件，点击"打开"命令，打开"将'端午.psd'导入到舞台"对话框，如图3-108所示。

在对话框中可以选择导入的图层；在导入选项区可选择"具有可编辑图层样式的位图图像"或"平面

图3-107　勾选"应用于粘贴板"效果

化位图图像"，"发布设置"中可压缩为"有损"或"无损"；在"将图层转换为"选项中，可以设置图层为"Animate图层""单一Animate图层"或"关键帧"导入，如图3-108所示，本案例选择"单一Animate图层"。

"导入为单个位图图像"：将PSD文件作为位图整个导入。

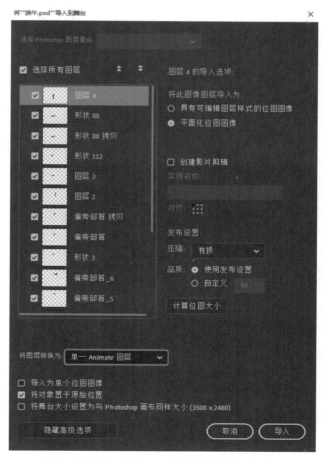

图3-108　"将'端午.psd'导入到舞台"对话框

（3）将导入的PSD文件进行组合，快捷键【Ctrl+G】（Win）/【Command+G】（Mac），并用"任意变形工具"（快捷键【Q】）调整大小，并移动到合适位置，效果如图3-109所示。

（4）在菜单栏选择"文件"→"导出"→"导出图像"，打开"导出图像"对话框，文件格式选择为"JPEG"并点击"保存"按钮。导出效果图如图3-110所示。

图3-109　调整"端午"字体

图3-110　《端午》（作者：周泽良）

第三节 文本的创建与编辑

内容结构

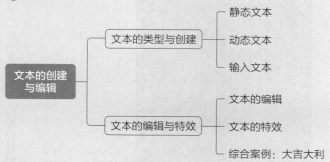

学习目标

上一小节主要介绍了利用常用工具进行图形的编辑与创作。本节主要介绍三种文本类型：静态文本、动态文本和输入文本的创建与编辑，文本的变形与分离、文本的特效等基本操作，以及利用文本的属性进行图文的编辑等。

本小节涉及的案例：大吉大利。

一、文本的类型与创建

Animate 提供了三种文本类型：静态文本、动态文本和输入文本，不同的文本类型适用于不同的对象。

（一）静态文本

静态文本是较为常用的默认的文本类型，在影片播放过程中不会发生动态改变，一般用作说明性文本。

选择工具栏的"文本工具"（快捷键【T】），当光标变为 ⁺ʈ 时即可在舞台上输入相应文本。在文本属性面板中可以选择文本的类型："静态文本""动态文本"和"输入文本"。通过文本类型旁边的下拉箭头 可以设置文本的排列方式："垂直""水平"和"垂直从左向右"；在"位置和大小"选项区

可以设置文本的所在位置；"字符"选项区可以设置文本的字体、大小、颜色和字母间距等；在"段落"选项区可以设置文本的对齐方式、间距、边距和行距等；"选项"用于添加文本的超链接；"滤镜"用于设置文本的一些特殊视觉效果。如图3-111所示。

（二）动态文本

动态文本中的内容可以发生动态改变，在影片播放过程中自动更新，如滚动的广告条、翻动的日历等。

选择工具栏的"文本工具"，在文本属性面板中选择"动态文本"，鼠标拖动创建一个自定义宽度和高度的动态水平文本框，如图3-112所示，输入文本后边框右下角为空心矩形手柄，完成后外框为点划虚线状态。

图3-111 "静态文本"对话框

图3-112 动态文本输入时的状态

用户可以为动态文本添加"可滚动"命令，并结合组件的"UIScrollBar"命令为文本字段添加窗口滚动条，达到滚动的效果。

（1）用"文本工具"输入一段动态文本，用工具栏的"选择工具"（快捷键【V】）选择"动态文本框"，在菜单栏点击"文本"→"可滚动"命令，使用"选择工具"调整文本字段的高度。如图3-113所示。

图3-113 "动态文本"输入与调整高度

（2）在菜单栏点击"窗口"→"组件"命令，打开"组件"面板，在面板中将"UIScrollBar"组件拖至文本字段的右边。如图3-114所示。

图3-114 将"UIScrollBar"组件拖至文本字段的右边

（3）用"矩形工具"绘制文本字段的底和外边框，如图3-115所示。并在绘制的矩形色块上单击右键，在弹出的菜单栏中选择"排列"→"移至底层"命令。

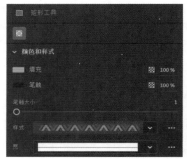

图3-115 用"矩形工具"绘制文本字段的底和外边框

（三）输入文本

输入文本是允许用户在浏览过程中在某个文本区域输入相应的文字，主要用于具有交互功能的动画创作或UI界面设计中，如登录界面、留言区域、注册页面等。

（1）新建空白文档，在菜单栏选择"文件"→"导入"→"导入到舞台"命令，将背景图导入舞台，选择"修改"→"文档"命令，打开"文档设置"对话框，单击"匹配内容"按钮并单击"确定"，调整图片使其与舞台大小一致；或通过属性面板的"文档"选项单击"匹配内容"按钮。如图3-116所示。

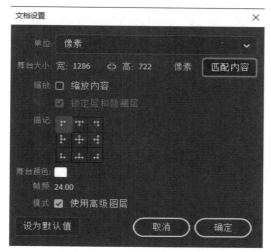

图3-116 在"文档设置"对话框单击"匹配内容"按钮

（2）在工具栏选择"文本工具"，在属性面板选择"输入文本"，并设置"字符"为"华文行楷"，"大小"为"24pt"，颜色为白色，点击"在文本周围显示边框"▤按钮。如图3-117所示。

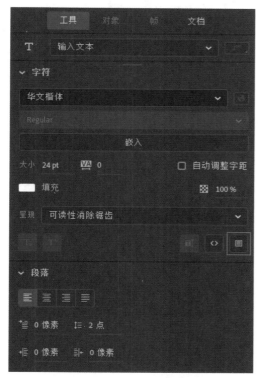

图3-117 "输入文本"对话框

（3）新建"图层2"，用"文本工具"绘制一个文本字段区域，并随意输入一些文字，效果如图3-118所示。

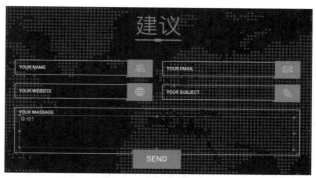

图3-118 "输入文本"效果

二、文本的编辑与特效

（一）文本的编辑

1. 文本的分离

在制作动画过程中若使用到一些特殊字体或为了得到一些特殊效果，可以将文本分离为图形。具体方法为：选择需要分离的文本，在菜单栏选择"修改"→"分离"命令或快捷键【Ctrl+B】（Win）/【Command+B】（Mac）进行分离，一次分离操作使多个文本成为单个字符，两次分离操作使文本成为点阵图形。如图3-119所示，左边为分离一次效果，右边为分离两次效果。

图3-119 文本的分离

被分离过的文本将不再具有文本的属性，不能再次进行字体及其他属性的设置而只有形状的属性，可以修改填充的颜色等属性。

使用"选择工具"可以修改被分离的文本形状，达到一些有趣的、特殊的视觉效果；运用"形状补间动画"可制作一些特殊的变形动画。如图3-120所示，为部分修改过的"China"文本形状。

图3-120 调整文本形状

2. 添加链接

在制作网页动画时用户可以为某些文本添加链接实现页面的跳转。选中相应文本，在其属性面板的"选项"区域的"链接"中输入需要跳转的链接地址。具体操作如图3-121所示。

图3-121　添加链接

（二）文本的特效

Animate为文本提供了特殊的滤镜效果，使文本更具视觉表现力。选中文本，在文本属性面板的"滤镜"选项中单击"添加滤镜" ➕，在弹出的下拉菜单中选择相应的滤镜效果，效果如图3-122所示。

图3-122　文本滤镜效果

（三）综合案例：大吉大利

1. 案例知识点

通过本案例，掌握文字的编辑与特效添加。

2. 案例操作步骤

（1）新建空白文档，在菜单栏选择"文件"→"导入"→"导入到舞台"命令，选择"背景"文件，点击"打开"按钮。

（2）在属性面板选择"文档"选项，点击"匹配内容"按钮，并点击"确定"按钮。调整舞台大小与图像大小一致，如图3-123所示。

"大吉大利"案例
视频教学

图3-123　文档设置

（3）在菜单栏选择"文件"→"导入"→"导入到舞台"命令，选择"老鼠"文件，点击"打开"按钮。在工具栏选择"任意变形工具"（快捷键【Q】）调整图形大小至合适位置。

（4）在工具栏选择"文本工具"，在文本属性面板选择"静态文本"，"字符"选择"华文琥珀"，"大小"设置为"300pt"，颜色设置为亮黄色，在"老鼠"图像上方输入"大吉"两个字。如图3-124所示。

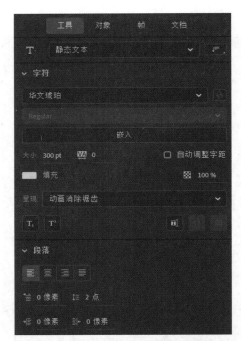

图3-124　"文本工具"的属性设置与效果

（5）在文本属性面板"滤镜"选项中为"大吉"两字添加"投影"滤镜，调整参数。如图3-125所示。

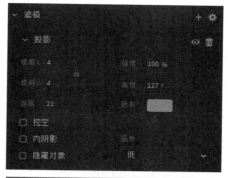

图3-125　添加滤镜及效果（作者：刘琦）

本章习题

1. Animate CC 2020 中的属性面板包含哪四个选项区域？

2. 五种画笔模式有何特点？

3. 对象绘制模式和基本矩形模式绘制的图形有什么区别？

4. 如何在多个图形中使用一个渐变颜色？

5. 使用"资源变形工具"制作简单的变形动画。

6. 利用"摄像头工具"设置简单的镜头变化。

7. 理解合并绘制模式、对象绘制模式、基本绘制模式三种区别。

8. 掌握PhotoShop与Illustrator文件的导入与编辑。

9. 利用常用工具绘制简单的矢量图形，如水果、动物等。

10. 利用"文字工具"设计一个LOGO图标。

第四章

简单动画制作

——

学时
20学时（讲课8学时、实训12学时）

基本要求

了解时间轴、图层与帧的基本概念，理解元件与库的使用，掌握传统补间动画、形状补间动画、引导层动画和遮罩动画的基本创建方法和操作步骤；掌握变形动画中加动画的原理及运用。运用所学知识进行简单动画的设计与制作。

重　点

元件与库的使用、时间轴与帧的概念及操作、三种补间动画的特点与区别。

难　点

补间动画、引导层和遮罩动画在创作动画中的综合运用。

教学内容

1. 元件与库的使用
2. 时间轴与帧
3. 制作不同补间动画
4. 引导层动画和遮罩动画

第一节　元件与库的使用

内容结构

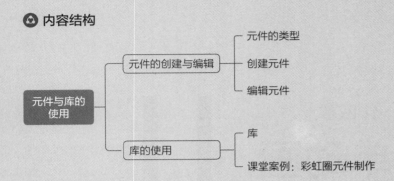

学习目标

　　了解和掌握元件的基本概念、类型，熟练使用元件制作复杂动画效果；了解和掌握库的基本操作，体会元件与库在实际案例中的具体作用。

一、元件的创建与编辑

（一）元件的类型

　　元件（Symbol）是可以反复取出使用的资源，可用于特效、动画或交互性的制作，包含三种常用的类型：图形、按钮和影片剪辑。用户可在整个文档或其他文档中重复使用该元件，这样可提高工作效率，而不必反复制作相同的动画或素材。

　　在 Animate CC 2020 中，每个元件都具有自己独立的时间轴、舞台及图层。在创建元件时选择不同的元件类型，将决定元件的使用方法。

1. 图形元件

　　图形元件的图标为 ，是最基本的元件类型之一，用于创建可反复使用的图形。图形元件一般是由静止的图片或多个帧组成的动画转换而来，通常会使用图形元件来创建更加复杂的影片剪辑元件，但它不支持 Action Script 添加交互行为和声音控制，也不能应用滤镜和混合模式。

　　图形元件的特点是拥有相对独立的编辑区域，如果将其调用到场景中会受到场景中帧的约束。例如，图形元件的时间和场景中的时间长度不一致时，需相应延长场景中的时间长度，从而保证图形元件动画的正常播放。

　　可创建图形元件的元素有：导入的位图、矢量图像、图形文本对象以及用 Animate CC 2020 工具创建的线条、色块、图形元素等。

2. 按钮元件

　　按钮元件的图标为 ■，主要用于创建具有一定交互功能的按钮，比如响应鼠标单击、滑过或其他交互特效。按钮元件由四个关键帧组成，分别对应"弹起""指针经过""按下"和"点击"四种状态，每种状态上都可以创建不同内容，并且每个显示状态均可添加声音、图形或影片剪辑元件来显示，从而构成一个简单的交互性动画。

3. 影片剪辑元件

　　影片剪辑元件（Movie Clip）的图标为 ■，它是 Animate 中最常用、最灵活的元件之一，它拥有独立的时间轴，不受场景和主时间轴的影响；同时可以对影片剪辑实例添加滤镜、颜色设置和混合模式；还可以使用 Action Script 控制影片剪辑，创建相应的交互功能，响应用户的需求；在 Animate 软件中往往由多个独立的影片剪辑元件实例组成一个完整的动画。

（二）创建元件

创建元件的方法有多种，最常用的是下面所列举的方法一和方法二。

方法一：直接新建一个空元件，然后在元件编辑模式下创建元件内容。

方法二：将舞台中的创建好的某个对象转换为元件。

方法三：将现有的动画转换为图形元件或影片剪辑元件。

方法四：从元件库中提取或复制元件。

打开 Animate CC 2020 程序，在菜单栏选择"插入"→"新建元件"命令，打开"创建新元件"对话框，或按快捷键【Ctrl+F8】（Win）/【Fn+Command+F8】（Mac）打开"创建新元件"对话框。

在"名称"文本框中输入相应的元件名称，例如"多边形"。

在"创建新元件"对话框中的"类型"下拉列表中可根据需要选择创建不同类型的元件，有"影片剪辑""按钮""图形"三种类型可供选择。如图 4-1 所示。

图 4-1 "创建新元件"的"类型"设置

单击"高级"下拉按钮，可以展开对话框，显示更多高级设置。如图 4-2 所示。

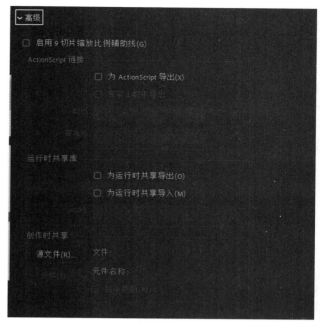

图 4-2 "创建新元件"的"高级"设置

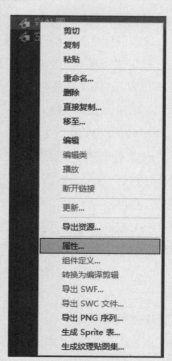

友情提示

如果在创建元件时没有来得及命名或需要修改元件类型，可在"库"面板中找到该元件然后单击鼠标右键选择"属性"，同样可以打开"元件属性"面板。如图 4-3 所示。

图 4-3 通过"属性"修改元件类型

1. 创建图形元件

（1）新建 Animate 文件，选择"插入"→"新建元件"命令，或按【Ctrl+F8】（Win）/【Fn+Command+F8】（Mac）打开"创建新元件"对话框，在"类型"下拉列表中选择"图形"选项，单击"确定"按钮后进入元件编辑区。如图4-4所示。元件编辑区的右上方有一个元件图标 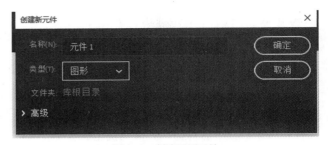，下拉箭头可查看元件名称和切换元件。

图4-4　创建图形元件

（2）单击舞台左上角的"场景" 场景1 按钮可以返回场景，也可以单击"后退" ← 按钮返回到上一层模式。在"图形"元件中，还可以继续创建其他类型的元件。

（3）创建的"图形"元件会自动保存在"库"面板中，选择"窗口"→"库"命令，或按【Ctrl+L】（Win）/【Command+L】（Mac）打开"库"面板，在该面板中显示了已经创建的图形。如图4-5所示。

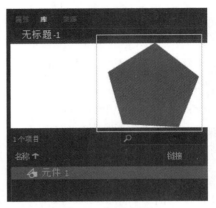

图4-5　"库"面板

2. 创建按钮元件

按钮元件是一个由"弹起""指针经过""按下""点击"四帧组成的具有一定交互功能的特殊元件。如图4-6所示，每一帧代表按钮的一种状态：

◇ "弹起"代表鼠标没有经过按钮时的状态；

◇ "指针经过"代表鼠标经过按钮时的状态；

◇ "按下"代表鼠标单击按钮时的状态；

◇ "点击"是定义鼠标单击时的响应的区域，且该区域在最终的SWF文件中会被隐藏未显示。

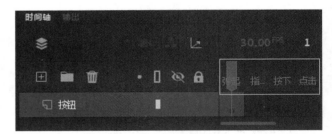

图4-6　按钮的四种状态

新建 Animate 文件，选择"插入"→"新建元件"命令，或按【Ctrl+F8】（Win）/【Fn+Command+F8】（Mac）打开"创建新元件"对话框，在"类型"下拉列表中选择"按钮"选项，单击"确定"按钮后进入元件编辑模式。如图4-7所示。

按钮元件的创建较为灵活，可以单独定义按钮的四种状态，可插入相应的影片剪辑得到具有一定动态效果的按钮，也可以仅定义按钮的"弹起"帧状态得到静态的按钮。

3. 创建影片剪辑元件

影片剪辑元件拥有独立的时间轴，可以在该元件中创建按钮、图形动画或者其他影片剪辑元件。在制作一些较大型的动画时，不仅是舞台中的元素较多，

图4-7　创建按钮元件

很多动画效果也需要重复使用，因此可以将主时间轴中的内容转换到影片剪辑中，方便反复调用。

新建 Animate 文件，选择"插入"→"新建元件"命令，或按【Ctrl+F8】（Win）/【Fn+Command+F8】（Mac）打开"创建新元件"对话框，在"类型"下拉列表中选择"影片剪辑"选项，单击"确定"按钮后进入元件编辑模式。如图4-8所示。

图4-8 创建影片剪辑元件

友情提示

在Animate CC 2020中是不能直接将动画转换为影片剪辑元件的，可以使用复制图层的方法，将动画转换为影片剪辑元件。影片剪辑元件可拖入场景后双击鼠标进入元件编辑模式，这样以舞台为背景，有助于设计参考。

（三）编辑元件

1. 元件转换

当某个元素需要被反复使用时，可将它直接转换为元件，保存在"库"面板中，方便随时调用。具体操作方法如下：

选中对象元素，选择"修改"→"转换为元件"命令，打开"转换为元件"对话框，选择元件类型，名称命名，然后单击"确定"按钮。在"转换为元件"对话框中，单击"高级"按钮，展开"高级"选项，可以设置更多元件属性选项。如图4-9所示。

2. 元件复制

复制元件和直接复制元件是两个完全不同的概念。

（1）复制元件功能可以复制一份完全相同的元件，用此方法复制元件，当元件对象被修改的同时，另一个元件也会产生相同的修改。具体操作如下：

打开"库"面板，选择"库"中相应元件，单击鼠标右键，弹出快捷菜单，选择"复制"命令。如图4-10所示。

然后在舞台中选择"编辑"→"粘贴到中心位置"命令（或是"粘贴到当前位置"命令），即可将复制的元件粘贴到舞台中。此时修改粘贴后的元件，

图4-9 转换元件

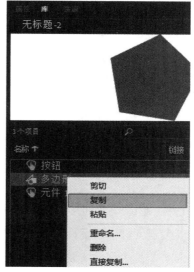

图4-10 复制元件

原有的元件也将随之改变。如图4-11所示。

（2）直接复制元件是以当前元件为基础，进行新元件的创建，当新元件的属性发生修改时，原来的元件不会发生改变。所以，在Animate动画制作过程中常常以现有的元件作为创建新元件的起点，来创建

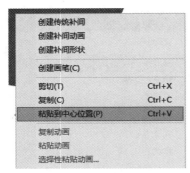

图4-11　粘贴元件

符合客户需求的各种版本的元件。具体操作如下：

打开"库"面板，选中要直接复制的元件，鼠标右键单击该元件，在弹出的快捷菜单中选择"直接复制"命令，打开"直接复制元件"对话框。如图4-12所示。

图4-12　直接复制元件

或者单击"库"面板右上角的 ▤ 按钮，在弹出的"库"面板菜单中选择"直接复制"命令，打开"直接复制元件"对话框。如图4-13所示。

在"直接复制元件"对话框中，可以更改直接复制元件的名称、类型等属性，而且更改以后，原有的元件并不会发生变化，所以在Animate中，直接复制元件的操作更为便捷。如图4-14所示。

3. 元件编辑

创建元件后，可以选择"编辑"→"编辑元件"命令，如图4-15所示，在元件编辑模式下编辑该元件；也可以选择"编辑"→"在当前位置编辑"命

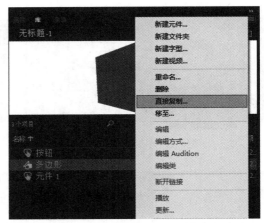

图4-13　在"库"面板中点击"直接复制"命令

图4-14　"直接复制元件"对话框

图4-15　"编辑元件"命令

令，在设计区中编辑该元件；或者直接双击该元件进入该元件的编辑模式。

（1）在当前位置编辑元件：要在当前位置编辑元件，可以在舞台上双击元件的一个实例，或者在舞台上选择元件的一个实例，单击鼠标右键后在弹

出的快捷菜单中选择"在当前位置编辑"命令；或者在舞台上选择元件的一个实例，然后选择"编辑"→"在当前位置编辑"命令，进入元件的编辑状态。如果要更改注册点，可以在舞台上拖动该元件，拖动时会显示一个十字光标来表明注册点的位置。如图4-16所示。

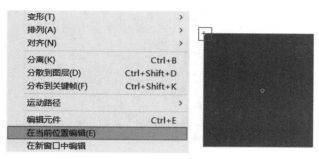

图4-16 "在当前位置编辑"命令

（2）在新窗口编辑元件：要在新窗口中编辑元件，可以右键单击舞台中的元件，在弹出的快捷菜单中选择"在新窗口中编辑"命令，直接打开一个新窗口，并进入元件的编辑状态。如图4-17所示。

图4-17 "在新建窗口中编辑"命令

（3）在元件编辑模式下编辑元件：要选择在元件编辑模式下编辑元件，可以通过多种方式来实现。

方法一：双击"库"面板中的元件图标。

方法二：在"库"面板中选择该元件，单击"库"面板右上角的 ■ 按钮，在打开的菜单中选择"编辑"命令。如图4-18所示。

方法三：在"库"面板中右键单击该元件，从弹出的快捷菜单中选择"编辑"命令。如图4-19所示。

方法四：在舞台上选择该元件的一个实例，单击

右键，从弹出的快捷菜单中选择"编辑元件"命令；或按快捷键【Ctrl+E】（Win）/【Command+E】（Mac）直接进入元件编辑区。如图4-20所示。

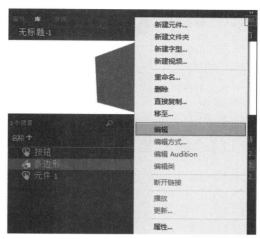

图4-18 在"库"面板中进入元件编辑模式

图4-19 在"库"面板中右键单击元件进入编辑区

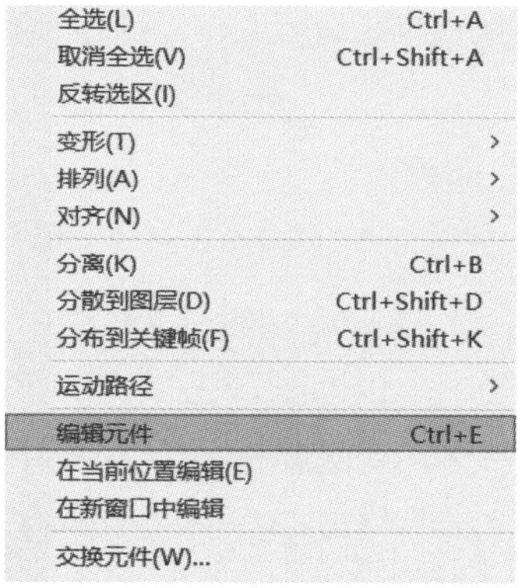

全选(L)	Ctrl+A
取消全选(V)	Ctrl+Shift+A
反转选区(I)	
变形(T)	>
排列(A)	>
对齐(N)	>
分离(K)	Ctrl+B
分散到图层(D)	Ctrl+Shift+D
分布到关键帧(F)	Ctrl+Shift+K
运动路径	
编辑元件	Ctrl+E
在当前位置编辑(E)	
在新窗口中编辑	
交换元件(W)...	

图4-20 选中舞台元件实例进入"编辑元件"命令

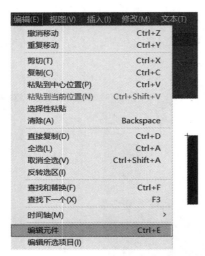

图4-21 从菜单栏进入"编辑元件"命令

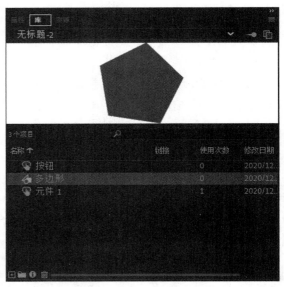

图4-22 "库"面板

方法五：在舞台上选择该元件的一个实例，然后在菜单栏选择"编辑"→"编辑元件"命令。如图4-21所示。

4. 退出编辑

要退出元件的编辑模式并返回到文档编辑状态，可以进行以下操作。

方法一：单击舞台左上角的"返回" ← 按钮，返回上一层编辑模式。

方法二：单击舞台左上角"场景" 场景1 按钮，返回场景。

方法三：在元件的编辑模式下，双击元件以外的内容空白处，即可返回场景。

二、库的使用

（一）库

每个Animate文件都有一个元件库面板，它主要用于存放动画中的所有元件、图片、声音和视频等文件。

1. "库"面板

在菜单栏选择"窗口"→"库"命令或按【Ctrl+L】（Win）/【Command+L】（Mac）组合键，打开"库"面板。面板的列表主要用于显示"库"中所有项目的名称，当选中"库"面板中的某个元件时，在预览窗口中将显示该元件的内容。如图4-22所示。

2. 库项目

在"库"面板中的元素称为库项目。"库"面板中项目名称旁边的图标表示该项目的文件类型，在"库"面板中可以打开任意文档的"库"，并能够将该文档的库项目用于当前文档。

有关库项目的一些处理方法如下：

（1）在当前文档中使用库项目时，可以将库项目从"库"面板中拖动到舞台中。该项目会在舞台中自动生成一个实例，并添加到当前图层中。

（2）要在另一个文档中使用当前文档的库项目，将项目从"库"面板或舞台中拖入另一个文档的"库"面板或舞台中即可。

（3）要将对象转换为"库"中的元件，可以选中对象后打开"转换为元件"对话框，转换元件到"库"中。

（4）要在文件夹之间移动项目，可以将项目从一个文件夹拖动到另一个文件夹中。如果新位置中存在同名项目，那么会打开"解决库冲突"对话框，提示是否要替换正在移动的项目。如图4-23所示。

图4-23 "解决库冲突"对话框

3. 库项目的操作

在"库"面板中，可以使用"库"面板菜单中的命令对库项目进行编辑、排序、重命名、删除以及查看未使用的库项目等管理操作。

（1）编辑对象：要编辑元件，可以在"库"面板菜单中选择"编辑"命令，进入元件编辑模式，然后进行元件编辑。

如果要编辑"库"里的文件，可以选择"编辑方式"命令，打开电脑上的"应用程序"面板。在"应用程序"面板中选择"外部编辑器（其他应用程序）"，比如说可以用Adobe PhotoShop CC编辑导入的位图文件。如图4-24所示。

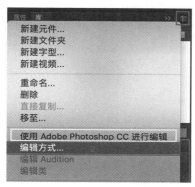

图4-24 打开"编辑方式"命令

在外部编辑器编辑完文件后，再在"库"面板中选择"更新"命令更新这些文件即可完成编辑文件的操作。

友情提示

通过外部编辑器打开过一次文件后，再次打开的时候系统会有记忆，自动提示你上次使用外部编辑器编辑的程序，如图4-24黄色边框部分所示。

（2）操作文件夹：在"库"面板中，可以使用文件夹来整理和组织库项目。

当用户创建了一个新元件时，它可以存储在选定的文件夹中。如果没有选定文件夹，该元件就会存储在"库"的根目录下。对"库"面板中的文件夹可以进行如下操作：

◇ 要创建新文件夹，可以在库面板底部单击"新

建文件夹" 📁 按钮；

◇ 要打开或关闭文件夹，可以单击文件夹名前面的按钮，或选择文件夹后，在"库"面板菜单中选择"展开文件夹"或"折叠文件夹"命令。如图4-25所示。

（3）重命名库项目：要重命名库项目，可以执行如下操作。

方法一：双击该项目的名称，在"名称"列的文本框中输入新名称。如图4-26所示。

方法二：选择项目，并单击"库"面板下部的"属性" ⓘ 按钮，打开"元件属性"对话框，在"名称"文本框中输入新名称，然后单击"确定"按钮。如图4-27所示。

图4-25 "展开文件夹"命令

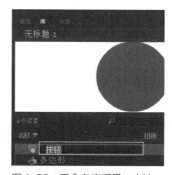

图4-26 重命名库项目：方法一

图4-27 重命名库项目：方法二

方法三：选择库项目，在"库"面板单击 ▤ 按钮，在弹出菜单中选择"重命名"命令，然后在"名称"列的文本框中输入新名称。如图4-28所示。

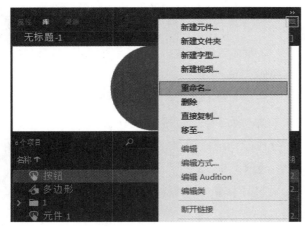

图4-28　重命名库项目：方法三

方法四：在库项目上单击右键，在弹出的快捷菜单中选择"重命名"命令，并在"名称"列的文本框中输入新名称。如图4-29所示。

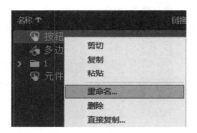

图4-29　重命名库项目：方法四

（4）删除库项目：默认情况下，当从"库"中删除项目时，文档中该项目的所有实例也会被同时删除。"库"面板中的"使用次数"列会显示项目的使用次数。如图4-30所示。

图4-30　显示项目的使用次数

要删除库项目，可以执行如下操作。

方法一：选择所需操作的项目，然后单击"库"

面板下部的"删除" 🗑 按钮。

方法二：选择库项目，在"库"面板单击 ▤ 按钮，在弹出菜单中选择"删除"命令。如图4-31所示。

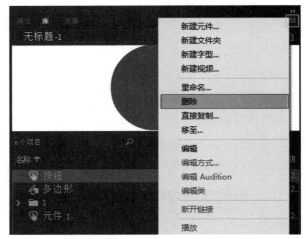

图4-31　删除库项目：方法二

方法三：在所要删除的项目上单击右键，在弹出的快捷菜单中选择"删除"命令。如图4-32所示。

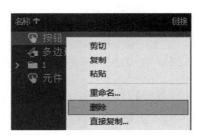

图4-32　删除库项目：方法三

4. 共享库资源

使用共享库资源，可以将一个Animate文档中"库"面板的元素共享，供另一个文档使用。这一功能在进行团队合作或制作大型Animate动画片时非常实用。

（1）设置共享库：要设置共享库，首先打开要将"库"面板设置为共享库的Animate文档，然后在菜单栏选择"窗口"→"库"命令打开"库"面板，或通过组合键【Ctrl+L】（Win）/【Command+L】（Mac）命令打开"库"面板，单击右上角的 ▤ 按钮，在弹出菜单中选择"运行时共享库URL"命令。如图4-33所示。

打开"运行时共享库"对话框，在URL文本框中输入共享库所在文档的 URL 地址，若共享库文档在本地硬盘上，可使用"文件：//<驱动器：>/ <路径名>"格式，最后单击"确定"按钮，即可将该库设置为共享库。如图 4-34 所示。

（2）设置共享元素：设置完共享库，还可以将"库"面板中的元素设置为共享。

在设置共享元素时，可先打开包含共享库的 Animate 文档，打开该共享库，然后右键单击所要共享的元素，在弹出的快捷菜单中选择"属性"命令，打开"元件属性"对话框，单击"高级"按钮，展开高级选项，勾选"为运行时共享导出"选项，并在 URL 文本框中输入该共享元素的 URL 地址，单击"确定"按钮即可设置为共享元素。如图 4-35 所示。

（3）使用共享元素：在 Animate 动画片中使用共享元素，可反复使用相同的元素，从而降低文件的大小，具体方法如下。

打开需要使用共享库元素的文档，在菜单栏选择"文件"→"导入"→"打开外部库"命令，在弹出的对话框中选择一个包含共享库的动画文档，单击"打开"按钮打开该共享库。如图 4-36 所示。

（二）课堂案例：彩虹圈元件制作

1. 案例知识点

通过案例熟悉元件与库的基本用法，掌握元件的创建与编辑，理解元件的性能与特点，熟悉工具面板常用工具的基本操作。

"彩虹圈元件制作"
案例视频教学

2. 案例操作步骤

（1）新建空白文档：在菜单栏选择"文件"→"新建"命令，打开"新建文档"对话框，文档类型选择"ActionScript3.0"，其余选项为默认。

（2）在第 1 帧位置，选择"椭圆工具" （快捷

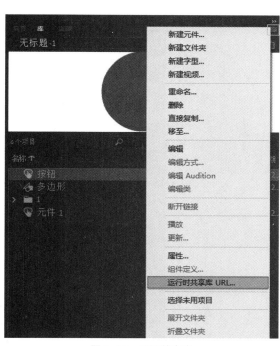

图4-33 设置共享库

图4-34 "运行时共享库"对话框

图4-35 设置共享元素

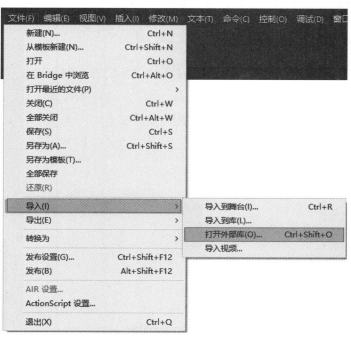

图4-36 使用共享元素

键【O】），边框颜色选取红色，填充颜色为无，绘制一个红色边框无填充的正圆，并转换为图形元件；双击进入图形元件编辑区，在"信息"面板中调整注册点为右下角归零。如图4-37所示。

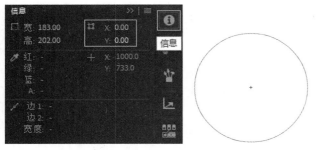

图4-37 调整注册点为右下角归零

（3）【Ctrl+C】（Win）/【Command+C】（Mac）复制圆圈，【Ctrl+Shift+V】（Win）/【Command+Shift+V】（Mac）原位粘贴圆圈，打开"变形"面板，对粘贴的圆圈进行缩放调整。如图4-38所示。

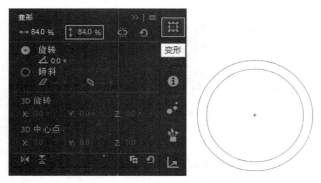

图4-38 打开"变形"面板调整圆圈的大小

（4）在菜单栏打开"视图"→"标尺"，调出标尺，以圆心为参照拉出辅助线，如图4-39所示。新建图层2，用"线条工具" ▨ （快捷键【N】）绘制一条直线，按住【Shift】（Win）/【Command】（Mac）键可绘制45°倍数的直线。

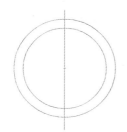

图4-39 调出标尺绘制直线

（5）打开"变形"面板（组合键【Ctrl+T】/【Command+T】），"旋转"参数设置为"45"，并点击右下角的"重置选区和变形"按钮，点击三次即可得到如图4-40所示的图形。

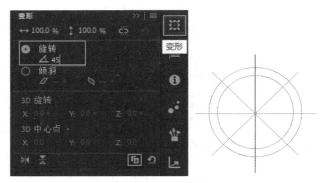

图4-40 复制直线

（6）合并图层并删除没用的辅助线，选中图形，右键单击"转换为元件"命令（快捷键【F8/Fn+F8】）打开"转换为元件"面板，在"名称"栏输入"空白圈"即可。如图4-41所示。

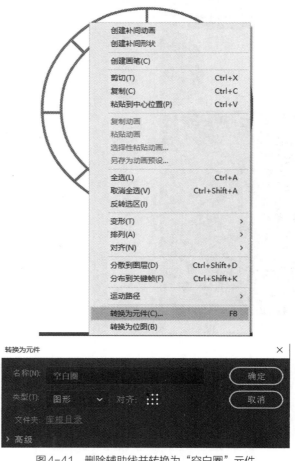

图4-41 删除辅助线并转换为"空白圈"元件

（7）【Ctrl+L】（Win）/【Command+L】（Mac）打开"库"面板可查看"空白圈"元件已存放于"库"面板中，而此元件可以反复使用。如图4-42所示。

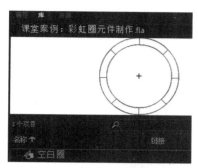

图4-42 "库"面板查看元件

元件反复使用诀窍

存储于"库"中的元件可反复拖至舞台修改，在舞台中进行旋转、缩放、调整而不会改变该元件的原型；若要改变元件原型可双击进入元件编辑区进行修改；若将元件分离（组合键【Ctrl+B】/【Command+B】）再进行编辑，此时进行的修改将不再影响元件的原型，而是获得了新的图形，并且可以重新建立元件。

（8）将"空白圈"元件分离，根据指定色使用"滴管工具" （快捷键【I】）填充色彩，也可用"颜料桶工具"填充合适的色彩。如图4-43所示。

（9）选中图形，右键单击"转换为元件"命令（快捷键【F8/Fn+F8】），打开"转换为元件"面板，在"名称"栏输入"彩虹圈"即可。如图4-44所示。

3. 案例总结

通过案例练习熟悉了Animate CC 2020软件常用工具面板的使用，掌握了图形元件的基本属性与特点，掌握了图形元件的创建与编辑，了解了库的特点及使用。

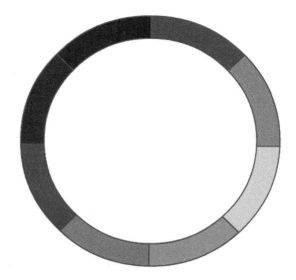

图4-43 填充颜色

图4-44 转换元件为"彩虹圈"

第二节 时间轴与帧

内容结构

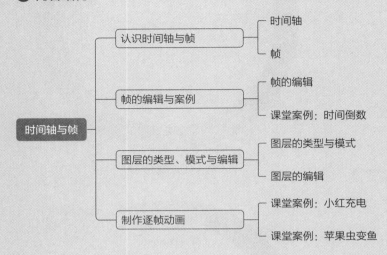

学习目标

了解和掌握时间轴与帧的基本概念、类型，掌握时间轴、帧和图层的基本操作，熟练使用时间轴、帧和图层制作逐帧动画效果；体会时间轴、帧和图层在实际案例中的具体作用。

一、认识时间轴与帧

在Animate动画制作中，设计师以"帧"为单位控制动画的运行时间，而时间轴起着控制"帧"的时间和顺序的作用。所以，时间轴与帧是掌握Animate动画的根本元素。

（一）时间轴

时间轴是Animate动画的控制台，所有关于动画的播放顺序、动作行为以及控制命令等操作都在时间轴中完成。如图4-45所示。

时间轴主要由图层、帧和播放头组成，在播放Animate动画时，播放头沿时间轴向后滑动，而图层和帧中的内容则随着时间的变化而变化。

Animate CC 2020为时间轴面板添加了一些新功能，如"时间轴控件–底部""匹配FPS"等，方便用户调整时间轴窗口。优化"插入关键帧"为"自动插入关键帧"；增加了"绘图纸外观"按钮的"高级设置"选项；利用"高级设置"可设置各种参数，如范围、模式、起始不透明度、减少幅度和绘图纸外观。如图4-46所示。

一般情况下，在舞台中只显示动画序列当前帧的内容，为了便于定位和编辑动画，可以使用"绘图纸外观"工具同时查看舞台上的两个或多个帧的内容。具体操作如下。

（1）单击时间轴面板上的"绘图纸外观"按钮，在时间轴面板的时间刻度上会出现"绘图纸外观标记"，选中"绘图纸外观标记"的"起始标记"和"结

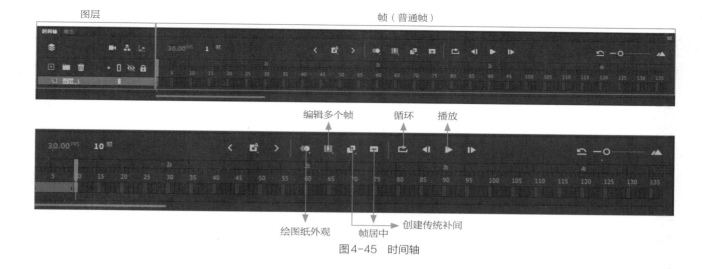

图 4-45 时间轴

束标记"可调整绘图纸外观所选内容区域。所选区域以半透明方式显示指定帧的画面内容，具有同时查看多个画面的功能。例如当制作连续的动画时前后两帧的画面内容没有完全对齐，动画就会出现抖动的效果，这时可以点击"绘图纸外观"按钮来调整画面。

（2）单击"绘图纸外观"按钮的下拉菜单，有"选定范围""所有帧""锚点标记"和"高级设置"等选项。如图 4-47 所示。

图 4-46 "时间轴控件 - 底部"

图 4-47 "绘图纸外观"按钮的下拉菜单

各选项的具体作用如下：

◇"选定范围"：显示预先设置好的播放头（当前帧）左右两侧内容；

◇"所有帧"：显示播放头（当前帧）左右两侧的所有帧内容；

◇"锚点标记"：配合"选定范围"自由调整绘图纸外观范围；

◇"高级设置"：用于设置绘图纸外观的显示范围、起始帧及锚点颜色、绘图纸外观轮廓或绘图纸外观填充、起始透明度等。

其中，"绘图纸外观轮廓"按钮仅以轮廓线模式显示对象，有助于观察画面对象的变化。"仅显示关键帧"按钮可更改绘图纸外观标记或仅显示关键帧。如图 4-48 所示。

（3）"绘图纸外观"按钮只允许编辑当前帧，"编辑多个帧"按钮可对绘图纸外观标记内每个帧的内容进行大小、颜色、位置等属性的调整。

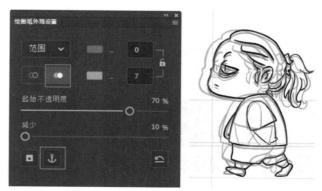

图 4-48 "绘图纸外观设置"对话框

（二）帧

帧是 Animate 动画的基本组成部分，主要由一系列的文字、图形（像）、元件等元素所组成，帧在时

间轴上的排列顺序将决定动画的播放顺序。每一帧中的具体内容，需在相应帧的工作区域内进行制作，如

在第1帧包含了一幅图，那么这幅图只能作为第1帧的内容，第2帧还是空的。如图4-49所示。

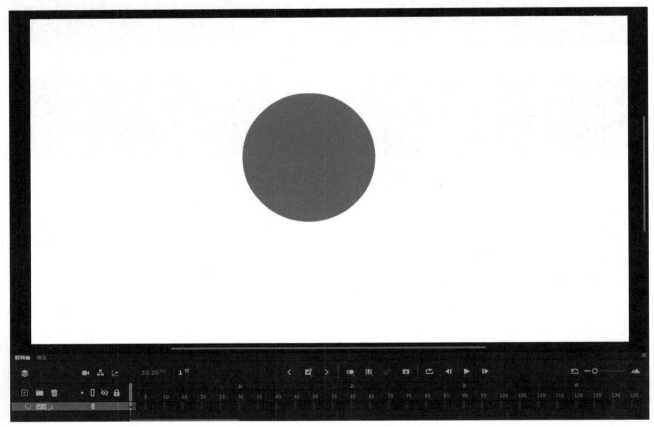

图4-49　帧在时间轴上的表现

在Animate CC 2020中，用来控制动画播放的帧有三种不同的类型，选择"插入"→"时间轴"命令，在弹出的菜单中有"帧""关键帧"和"空白关键帧"三种类型，如图4-50所示。不同类型的帧在动画中的特点、用途也不同。

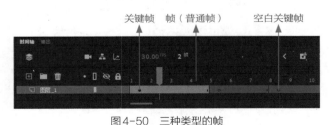

图4-50　三种类型的帧

1. 帧（普通帧）

普通帧在时间轴上显示为一个空白的单元格，它往往是对前一帧的继承和延续。连续的普通帧在时间轴上呈现灰色，并且在连续的普通帧最后一帧中有一个矩形块。如果其中某一帧的内容被修改则其他帧内

容也将同时被更新。由于这个特性，通常用它来放置动画中静止不变的对象（如背景和静态文字）。

2. 关键帧

关键帧在动画制作过程中是最重要的帧类型，但过多使用关键帧会增加文件的大小。关键帧的设置决定了动画的节奏，逐帧动画的每一帧都是关键帧；而补间动画则需要在重要的转折点上设置关键帧，相当于传统动画的原画，中间画则由计算机自动生成。它在时间轴上显示为一个实心圆点。

3. 空白关键帧

空白关键帧在时间轴上显示为一个空心圆点，是指该帧不包含任何动画元素，但它本身也是关键帧，只需在该帧舞台上添加元素即可。在每一个新建的时间轴面板上都有一个空白关键帧，当一个动画需要终止时，也可以采用插入空白关键帧的方法结束前一个关键帧的动画时间。

二、帧的编辑与案例

（一）帧的编辑

1. 插入帧

插入帧的方法有多种，具体如下。

方法一：在菜单栏选择"插入"→"时间轴"→"帧""关键帧"或"空白关键帧"。

方法二：在时间轴的相应位置单击右键，弹出快捷菜单，选择"插入帧""插入关键帧"或"插入空白关键帧"命令。

方法三：通过快捷键【F5】插入帧、【F6】插入关键帧、【F7】插入空白关键帧。

2. 选择帧

帧的选择分几种情况，如选择单个帧、多个连续的帧、多个不连续的帧和所有帧，具体操作如下。

（1）选择单个帧：鼠标单击需要的帧即可。

（2）选择多个连续的帧：按住【Shift】键，单击需要选择的开始帧和结束帧；或者左键点中开始帧不松往后拖拉至相应帧结束即可。

（3）选择多个不连续的帧：按住【Ctrl】或【Command】键，然后单击需要选择的帧。

（4）选择所有的帧：在任意一个帧上单击右键，弹出快捷菜单，选择"选择所有帧"命令；或者通过"编辑"→"时间轴"→"选择所有帧"命令；或按【Ctrl+A】（Win）/【Fn+Command+A】（Mac）。

3. 复制帧

当文档中的某段动画需要重复使用时，可以将该段动画的帧复制到该文档或另一文档中，具体操作如下。

（1）选中要复制的帧，单击右键，在弹出的快捷菜单中选择"复制帧"命令；或者在菜单栏选择"编辑"→"时间轴"→"复制帧"命令。

（2）在需要粘贴的帧上单击右键，在弹出的快捷菜单中选择"粘贴帧"命令；或者在菜单栏选择"编辑"→"时间轴"→"粘贴帧"命令。

4. 删除和清除帧

（1）删除帧：删除帧的目的一方面是删除帧中的内容，另一方面是将选中的帧删除，还原为初始状态。具体操作如下。

选中要删除的相应帧，单击右键，弹出快捷菜单，选择"删除帧"命令；或者在选中帧以后选择"编辑"→"时间轴"→"删除帧"命令；或者按【Shift+F5】（Win）/【Fn+Shift+F5】（Mac），即可删除选定的帧。

如图4-51所示，上下两个图层分别创建了20帧，上面为删除前的帧，下面为删除后的帧，可见删除的中间7帧被清空并自动前移。

图4-51　删除帧前后对比

（2）清除帧：清除帧是指将选中的帧上的内容清除，并将这些帧自动转换为空白关键帧状态；清除关键帧是指将这些帧转为普通帧，帧上的内容并未清除。具体操作如下。

选中要清除的帧单击右键，在弹出的快捷菜单中选择"清除帧"或"清除关键帧"命令；或者选择"编辑"→"时间轴"→"清除帧"命令。

清除帧和清除关键帧的效果如图4-52所示，"圆"图层第20帧清除帧后，该帧内容被删除；"方"图层为清除第20帧关键帧后，关键帧转为普通帧，而内容未被清除。

5. 移动帧

在做动画时可以通过移动帧的方式来调整帧的位置，从而达到调整动画的时间长度和动画节奏的目的。具体操作如下。

方法一：将鼠标光标放置在需要移动的帧上面，出现四边虚线显示状态时，点击右键不松，拖动选中的帧移至目标位置后释放鼠标即可。

方法二：选中需要移动的帧并点击右键，在弹出的快捷菜单中选择"剪切帧"命令，然后在目标帧位置单击右键，从打开的快捷菜单中选择"粘贴帧"命令。

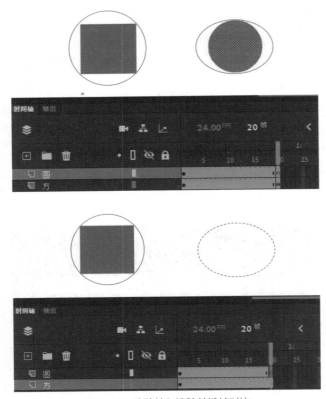

图4-52　清除帧和清除关键帧对比

6. 翻转帧

翻转帧是指将系列连续的关键帧切换为相反的顺序进行播放，即原来的最后一帧变为第1帧，原来的第1帧变为最后一帧，从而使动画达到倒放的效果。具体操作如下。

选中要进行翻转的帧，单击右键，在弹出的菜单中选择"翻转帧"命令即可。

7. 帧的设置

Animate动画中的帧不仅可以调整其序列长度，也可以更改动画的播放速度，即帧频。具体操作如下。

（1）更改帧序列的长度：点击需要调整帧序列长度的开始处或结束处，光标会变为左右箭头，此时按住【Ctrl】（Win）或【Fn+Command】（Mac），向左或向右拖动鼠标即可更改帧序列的长度。

（2）设置帧频：帧频是指动画的播放速度，又称帧速率。在Animate动画中默认的帧频是24帧/秒，即每秒钟播放24帧动画画面，帧频的单位是fps。设置帧频即设置动画的播放速度，帧频越大播放速度越

快，反之则越慢。设置方法有多种，具体操作如下。

方法一：菜单目录中选择"修改"→"文档"命令，打开"文档设置"对话框。在该对话框中的"帧频"文本框中输入合适的帧频数值。如图4-53所示。

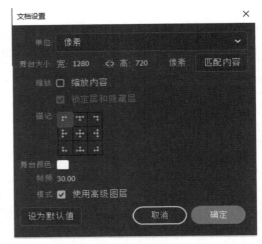

图4-53　"文档设置"对话框

方法二：选择"窗口"→"属性"命令，打开"属性"面板，在"FPS"文本框内输入相应的帧频数值。

方法三：按【Ctrl+F3】（Win）或【Fn+Command+F3】（Mac）打开"属性"面板，在"FPS"文本框内输入相应的帧频数值。如图4-54所示。

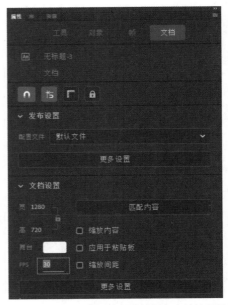

图4-54　在"FPS"文本框内输入相应的帧频数值

（二）课堂案例：时间倒数

1. 案例知识点

通过案例熟悉时间轴面板和帧的概念，掌握关键帧的创建、复制与粘贴等基本操作，通过不同帧速率下的时间概念理解Animate动画时间长度与节奏。

"时间倒数"案例
视频教学

2. 当帧频为"1"的操作步骤

（1）在菜单栏选择"文件"→"新建"命令，打开"新建文档"对话框，文档类型选择"角色动画"，"平台类型"选择"ActionScript3.0"，"帧速率"改为"1"，这样动画就以每秒1帧的速度进行播放。

（2）在第1帧位置，选择"文本工具" T （快捷键【T】），选取合适的字体，在舞台空白处输入数字"10"。

（3）在第1帧位置单击右键，弹出快捷菜单选择"复制帧"，并连续粘贴9次，这样就有10个数字为"10"的关键帧；或者连续按【F6】（Win）/【Fn+F6】（Mac）9次也能同样复制第1个关键帧。

（4）接下来依次从第一次粘贴的帧开始将9个数字"10"依次改数字为"9""8""7""6""5""4""3""2""1"。

（5）在第11帧的位置单击右键，弹出快捷菜单选择"插入空白关键帧"，或者按快捷键【F7】（Win）/【Fn+F7】（Mac）插入空白关键帧，选择"文本工具" T （快捷键【T】），选取合适的字体，在舞台空白处输入英文"start"，打开"绘图纸外观" 按钮，通过鼠标或键盘上的方向键调整位置至重合即可。如图4-55所示。

图4-55　调整数字与英文位置

3. 当帧频为"12"的操作步骤

（1）在菜单栏选择"文件"→"新建"命令，打开"新建文档"对话框，文档类型选择"角色动画"，"平台类型"选择"ActionScript3.0"，"帧速率"改为"12"，这样动画就以每秒12帧的速度进行播放。如果新建文档的时候没有修改帧频，也可以通过快捷键【Ctrl+F3】（Win）/【Fn+Command+F3】（Mac）打开"属性"面板进行调整。如图4-56所示。

图4-56　"属性"面板中的"文档设置"修改帧频

（2）在第1帧位置，选择"文本工具" T （快捷键【T】），选取合适的字体在舞台空白处输入数字"10"，在第12帧处按【F5】（Win）/【Fn+F5】（Mac）延长第1帧。

（3）在第1帧位置单击右键，弹出快捷菜单，选择"复制帧"，每间隔12帧连续粘贴9次，这样就有10个数字为"10"的关键帧；或者每间隔12帧按【F6】（Win）/【Fn+F6】（Mac）9次也能同样复制第1个关键帧。如图4-57所示。

图4-57　时间轴上关键帧位置

（4）接下来依次从第一次粘贴的帧开始将9个数字"10"改为"9""8""7""6""5""4""3""2""1"。

（5）在第121帧的位置单击右键，弹出快捷菜单，选择"插入空白关键帧"，或者按快捷键【F7】（Win）/【Fn+F7】（Mac）插入空白关键帧，选择"文本工具" T （快捷键【T】），选取合适的字体在舞台空白处输入英文"start"，打开"绘图纸外观" 按钮，通过鼠标或键盘上的方向键调整位置至重合即可。

4. 案例总结

通过本案例熟悉了帧的复制、粘贴、插入等基本操作；同时通过不同帧频下的时间倒数设置练习，明白了FPS帧频的可调节性，当帧频为1帧/秒的时候时间轴上走过1帧即为1秒，当帧频为12帧/秒的时候要走过1秒钟时间需要连续12帧。

三、图层的类型、模式与编辑

Animate CC 2020中的图层主要是将不同的动画素材分开存放，方便编辑和制作动画，而不会影响其他图层属性。相当于传统动画中将动画素材分成多个层次方便动画的拍摄。默认状态下，图层面板包含于时间轴面板的左侧。

（一）图层的类型与模式

1. 图层的类型

在Animate CC 2020中，常见的图层有五种，即"普通图层""遮罩层""被遮罩层""引导层"和"被引导层"。如图4-58所示。

图4-58　图层类型

（1）"普通图层"：是运用最普遍的图层，指常规状态下的图层，用于存放相应的动画素材，图标为 ▣ 。

（2）"遮罩层"和"被遮罩层"：这两个图层主要用于制作遮罩动画，遮罩层可设置该图层中的某个元素为遮罩物，图标为 ▣ ；当图层的元素为被遮罩物时，该图层即为被遮罩层，图标为 ▣ 。一个遮罩层下可同时有多个被遮罩层。

（3）"引导层"和"被引导层"：这两个图层主要用于制作引导层动画，引导层主要用于设置动画元素的运动路径，被引导层主要用于被引导的动画元素对

象，它的图标与普通图层一样。当一个图层被设置为引导层时，它前面的图标为 ⌇ ，说明该引导层设置成功；如果它的图标为 ⌇ ，说明该引导层下没有任何图层作为被引导层或者没有设置成功。

2. 图层的模式

在Animate CC 2020中有四种图层模式，如图4-59所示。

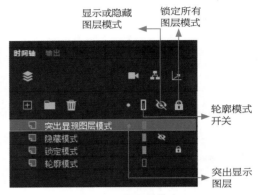

图4-59　图层的模式

（1）"突出显示图层模式"：单击该按钮后图层下方将出现彩色分割线，有助于区分各图层关系。

（2）"隐藏模式"：图标显示为 ▨ 时，说明该图层为隐藏模式，当舞台中的某个元素暂时不需要被编辑时可将该对象图层的模式调整为隐藏模式。

（3）"锁定模式"：图标显示为 ▥ 时，说明该图层为锁定模式，在编辑动画对象时为了防止其他图层中的元素被修改，但又需要打开该图层作为参考，此时将该图层锁定即可。

（4）"轮廓模式"：图标显示为 ▯ 时，说明该图层为轮廓模式，在该图层模式下动画元素将呈现彩色线条状。

（二）图层的编辑

1. 创建图层

创建图层的方法有多种，具体如下。

方法一：单击"时间轴"面板中的"新建图层"⊞按钮，即可在所选图层的上方插入一个新的图层。

方法二：在菜单栏选择"插入"→"时间轴"→"图层"命令，即可在所选图层的上方插入一个新的图层。如图4-60所示。

方法三：在"时间轴"面板上单击右键，弹出快捷菜单，选择"插入图层"命令即可在该图层的上方插入一个新的图层。如图4-61所示。

2. 图层属性

选择需要设置属性的图层，选择"修改"→"时间轴"→"图层属性"命令，打开"图层属性"对话框。根据动画需求可调整图层属性的相关参数。如图4-62所示。

◇ "名称"：输入或修改图层的名称；

◇ "锁定"：锁定或解锁图层；

◇ "可见性"：显示、隐藏图层或半透明图层；

◇ "类型"：更改图层的类型；

◇ "轮廓颜色"："将图层视为轮廓"复选框被勾

选时，图层将以轮廓线方式显示，此时可调整轮廓线的颜色进行图层的区分；

◇ "图层高度"：下拉菜单可设置图层的高度比例。

3. 编辑图层

（1）图层的选择：图层的选择有多种情况，具体如下。

◇ 选择单个图层的时候，直接单击"时间轴"面板中的图层名称即可选择该图层；或者单击"时间轴"面板图层上的某一帧即可选中该图层；或者单击舞台中的某个动画元素即可选中该元素所在图层；

◇ 选择多个连续的图层，按住【Shift】键单击"时间轴"面板中开始和结束位置的图层即可；或者按住鼠标左键不松拖选相应图层；

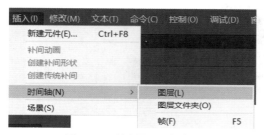

图4-60 创建图层：方法二

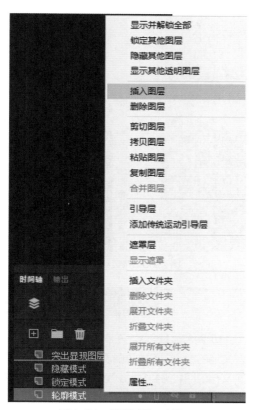

图4-61 创建图层：方法三

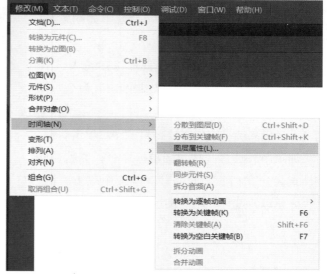

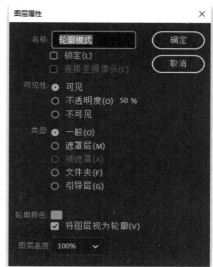

图4-62 打开"图层属性"对话框

◇ 选择多个不连续的图层，按住【Ctrl】或【Command】键单击"时间轴"面板中的图层名称，即可选中相应图层。

（2）删除图层：图层的删除有多种方式可以实现，具体如下。

◇ 选中需要删除的图层，单击"时间轴"面板的"删除" 🗑 按钮；

◇ 选中需要删除的图层不松拖动至"删除" 🗑 按钮；

◇ 在需要删除的图层上单击右键，弹出快捷菜单，选择"删除图层"命令。如图4-63所示。

（3）复制图层：复制图层有多种方式可以实现，具体如下。

方法一：选中需要复制的图层单击右键，弹出快捷菜单，选择"复制图层"命令。如图4-64所示。

方法二：选中需要复制的图层，在菜单栏选择"编辑"→"时间轴"→"直接复制图层"命令。如图4-65所示。

（4）拷贝图层：选中需要拷贝的图层单击右键，弹出快捷菜单，选择"拷贝图层"命令；然后在同一文档或另一文档的"时间轴"面板中单击右键，弹出快捷菜单，选择"粘贴图层"命令。如图4-66所示。

图4-65 直接复制图层

图4-66 拷贝和粘贴图层

图4-63 删除图层

图4-64 复制图层

友情提示

拷贝图层与复制图层的区别在于复制图层仅复制当前文档的图层，而拷贝图层则可以跨文档复制。当某个文档的图层需要复制到另一个文档时就要使用拷贝图层命令。

（5）重命名图层：图层的名称默认为"图层＋编号"的格式，用户可根据动画素材进行特点含义的命名操作，具体方法如下。

◇ 双击"时间轴"面板中的图层，出现文本输入框后直接输入相应的名称，如图4-67所示；

图4-67 重命名图层

◇ 在"时间轴"面板单击右键，弹出快捷菜单，选择"属性"命令，打开"图层属性"对话框，在"名称"中输入相应的名称，单击"确定"按钮；或者双击普通图层的图标 也可打开"图层属性"对话框，如图4-68所示；

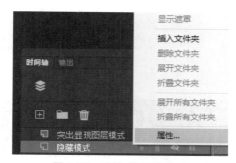

图4-68 选择"属性"命令

◇ 在菜单栏选择"修改"→"时间轴"→"图层属性"命令，打开"图层属性"对话框，在"名称"文本框中输入相应的名称，单击"确定"按钮即可，图4-69所示。

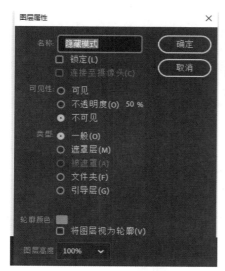

图4-69 "图层属性"对话框

（6）调整图层顺序：图层的顺序和相对位置可根据动画需求进行调整，点击图层不松直接拖至合适的位置即可。

四、制作逐帧动画

逐帧动画是指在时间轴上逐帧绘制动画内容，在时间轴上表现为连续的关键帧。逐帧动画的灵活性非常大，几乎可以表现任何想表现的内容，动画师往往可以利用逐帧动画的概念制作自由变形动画，有助于激发创作灵感和学习兴趣。

（一）课堂案例：小红充电

1. 案例知识点

通过案例熟悉工具栏、时间轴面板的基本使用，掌握逐帧动画的创建、关键帧的复制与粘贴、绘图工具的使用等基本操作，通过案例练习理解Animate逐帧动画的基本创建。

"小红充电"案例
视频教学

2. 案例操作步骤

（1）新建文档：在菜单栏选择"文件"→"新建"，打开"新建文档"对话框，或者通过快捷键【Ctrl＋N】（Win）/【Command＋N】（Mac）打开"新建文档"对话框；"帧速率"改为"12"fps，类型选择第一个"角色动画"，"平台类型"选择"ActionScript3.0"。如图4-70所示。

（2）打开共享库元素：点击"文件"→"导入"→"打开外部库"，弹出对话框，选择对应文件"课堂案例：彩虹圈元件制作.fla"，在弹出的"库"面板中选择"空白圈"元件至舞台。如图4-71所示。

（3）点击拖至舞台的"空白圈"元件，点击右键选择"分离"，或按组合键【Ctrl＋B】（Win）/【Fn＋Command＋B】（Mac）进行分离。如图4-72所示。

（4）用"颜料桶工具" （快捷键【K】）选择相应色彩对第一格进行填充，按快捷键【F6】插入第2帧，填充第一格色彩，再次按【F6】插入第3帧，填充第二格色彩，重复以上动作8次至整个"空

"白圈"被填充完成，效果如图4-73所示。

（5）在第1帧位置按【F5】延长"空白圈"停留

的时间至第10帧，按"循环"按钮可连续查看动画播放效果。如图4-74所示。

图4-70 新建文档

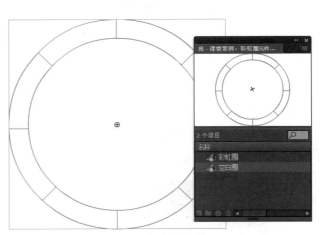

图4-71 打开共享库元素

图4-72 分离"空白圈"元件

图4-73 填充颜色

图4-74 调整时间长度

（二）课堂案例：苹果虫变鱼

1. 案例知识点

通过案例了解二分法的原理，运用二分法原理进行逐帧变形动画的创意与制作，通过案例练习理解Animate逐帧变形动画的创意，激发

"苹果虫变鱼"案例
视频教学

创作灵感。二分法概念：在制作动画时主要用于加动画的一种技巧，是指在开始帧和结束帧之间找到中间画，并依次在两帧之间找到中间画。如图4-75所示。

由此衍生出来的两种运动：匀速运动和加减速（变速）运动（图4-76）。

匀速运动：是指两张原画之间均取中间值，任意两张中间画之间拥有相等的距离。

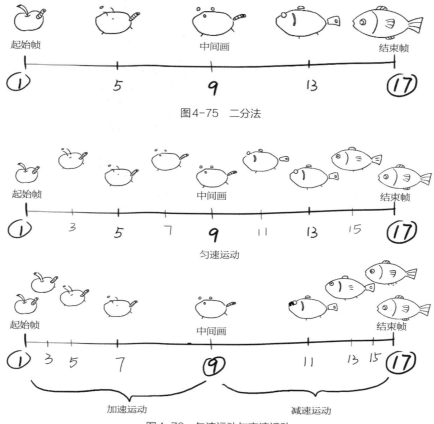

图4-75　二分法

匀速运动

加速运动　　　　　减速运动

图4-76　匀速运动与变速运动

加速运动：是指两张原画之间，每张中间画之间的距离由小到大。

减速运动：是指两张原画之间，每张中间画之间的距离由大到小。

2. 匀速变形案例操作步骤

（1）新建文档：在菜单栏上选择"文件"→"新建"，打开"新建文档"对话框，或者通过快捷键【Ctrl+N】（Win）/【Command+N】（Mac）打开"新建文档"对话框；"帧速率"改为"24"fps，类型选择第一个"角色动画"，"平台类型"选择"ActionScript3.0"。

（2）导入草图，根据草图绘制原画及所有的中间画：在第1帧位置绘制开始帧原画，在第49帧位置新建空白关键帧（快捷键【F7】/【Fn+F7】）绘制结束帧原画；在第25帧插入空白关键帧，同时打开"绘图纸外观"工具进行中间画的绘制，使用"画笔工具"（快捷键【B】）绘制，效果如图4-77

所示。

绘制第1～25帧的中间帧，即第12帧的中间画，效果如图4-78所示。

绘制第25～49帧的中间帧，即第37帧的中间画，效果如图4-79所示。

绘制第1～12帧的中间帧，即第6帧的中间画，效果如图4-80所示。

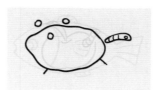

图4-77　绘制第25帧中间画

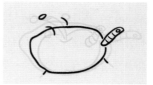

图4-78　第12帧的中间画

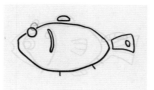

图4-79　第37帧的中间画

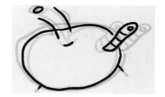

图4-80　第6帧的中间画

绘制第12～25帧的中间帧，即第18帧的中间画，效果如图4-81所示。

绘制第25～36帧的中间帧，即第31帧的中间画，效果如图4-82所示。

绘制第36～49帧的中间帧，即第43帧的中间画，效果如图4-83所示。

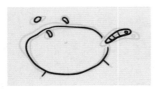

图4-81　第18帧的中间画

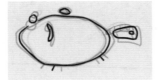

图4-82　第31帧的中间画

图4-83　第43帧的中间画

（3）完成所有中间画后调整每帧的距离为一拍二的节奏，观察整体动画效果。如图4-84所示。

图4-84　调整关键帧时间轴

（4）将最后一帧延长至30帧，选中第1～17帧，点击右键弹出快捷菜单，选择"复制帧"命令，在第31帧处单击右键选择"粘贴帧"。如图4-85所示。

（5）选中第31～47帧，单击右键选择"翻转帧"，将最后一帧延长相应时间，打开"循环播放"按钮，可查看动画播放效果。如图4-86所示。

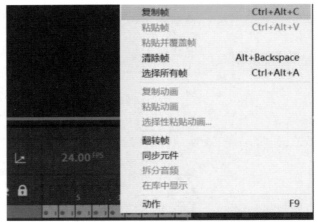

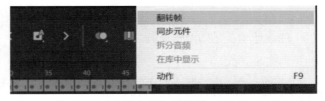

图4-85　复制帧、粘贴帧

图4-86　翻转帧

3. 案例总结

通过案例熟悉了绘图工具的使用、帧的复制、粘贴、插入等基本操作；同时通过逐帧动画的制作，掌握了逐帧动画的制作技巧，激发了学生对自由变形动画的创意与兴趣。

内容结构

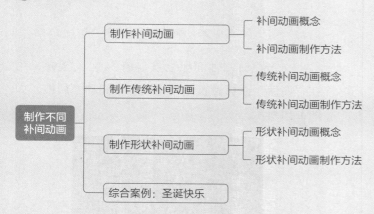

学习目标

在前面的小节主要介绍了元件与库的使用、时间轴与帧的概念。补间动画是Animate动画中最常用的动画表现手法之一，本节主要介绍补间动画、传统补间动画和形状补间动画的概念与制作方法，利用元件实例创建对象的大小、颜色、透明度、形状、旋转和位置等，结合案例分析熟练掌握渐变动画、滤镜动画、补间动画的缓动设置及摄像头的移动等基本操作。

本小节涉及的案例：圣诞快乐。

一、制作补间动画

（一）补间动画概念

补间动画是基于对象的编辑模式，通过拖动舞台上的对象来创建对象的运动轨迹，并使用贝塞尔手柄更改运动路径，运用动画编辑器调整对象的位置、大小、颜色等属性。

补间动画在时间轴上的背景颜色为蓝色，只需对首关键帧应用补间动画即可。

（二）补间动画制作方法

（1）新建空白文档，类型选择"ActionScript3.0"，其余为默认设置。

（2）使用工具栏上的"多角星形工具"绘制一个五边形，选中图形，单击右键选择"转换为元件"命令或按快捷键【F8】，将图形转换为"影片剪辑元件"，将元件置于舞台右侧。如图4-87所示。

（3）在"时间轴"面板的第1帧上单击右键，在弹出的菜单中选择"创建补间动画"命令，第1～24帧上将自动创建一个补间。如图4-88所示。

（4）右键单击补间动画的相应时间轴位置，在弹出的菜单中选择"插入关键帧"命令，下拉菜单中共有7种属性可以为动画定义，即"位置""缩放""倾斜""旋转""颜色""滤镜"和"全部"，其中"颜色"和"滤镜"效果需先在元件实例的属性面板中设置方可调整。如图4-89所示。

图4-87　将五边形转换为元件

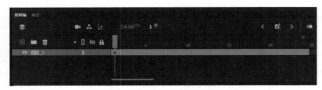

图4-88　创建补间动画

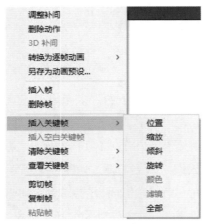

图4-89　"插入关键帧"的下拉菜单

（5）在第24帧处拖动元件实例至舞台最右侧，此时舞台上将出现一条可调整运动路径的线段，使用工具栏中的"选择工具"可调整路径的弯曲弧度，使用"部分选取工具"选中节点会出现贝塞尔曲线的手柄，可精确调整路径；此时测试播放动画，五边形元件将从舞台左侧移至舞台右侧。如图4-90所示。

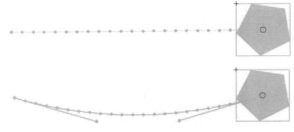

图4-90　调整元件运动轨迹

（6）在时间轴面板上点击第24帧关键帧，可在"属性"面板设置该关键帧的补间动画属性，如图4-91所示。

图4-91　设置补间动画属性

◇"路径"：可以调整补间对象运动路径在 X 轴、Y 轴方向的位置；

◇"缓动"：用于设置补间对象运动的加减速度，正值为减速，负值为加速；

◇"旋转"：用于设置补间对象旋转的次数、角度和方向，"调整到路径"按钮可以让补间对象沿着路径进行旋转。

（7）点击实例对象，在其"属性"面板可以设置该实例对象的属性，实例对象的元件类型不同，所对应的属性略有不同。如图4-92所示。

◇"位置和大小"：用于设置实例对象在舞台中的位置和大小；

◇"色彩效果"：用于设置实例对象的亮度、色调、高级和透明度等色彩效果；在"样式"中选择色调，着色设为玫红色，色调百分比调至"100%"；

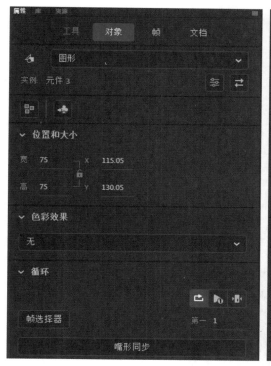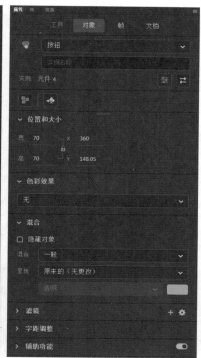

图4-92 不同元件的"属性"面板对比

◇"混合"：用于设置是否"隐藏对象"及"混合"的模式；

◇"循环"：用于设置图形动画的播放模式；

◇"3D定位和视图"：用于设置实例对象Z轴方向的运动，且只有"影片剪辑"实例元件才有该属性；

◇"辅助功能"：用于名称、描述及快捷键的设置；

◇"滤镜"：用于实例对象的滤镜添加，且只有"影片剪辑"和"按钮"实例元件才有该属性。为实例添加"模糊"滤镜，值为"20"像素，品质"中"，调整属性后的效果如图4-93所示。

图4-93 为实例添加"模糊"滤镜

（8）使用"动画编辑器"可以对补间动画进行精确地调整，该面板集成于"时间轴"面板中，以线条的形式显示动画的属性。双击"时间轴"面板上的补间动画，或单击右键，在弹出菜单中选择"调整补间"命令，打开"动画编辑器"面板。如图4-94所示。

在"动画编辑器"面板中，每个属性值呈现曲

线，点击"锚点添加" 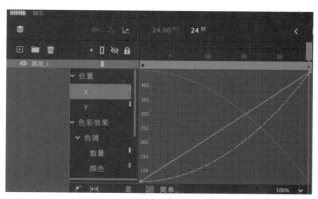 按钮可在曲线上添加锚点改变运动轨迹。如图4-95所示，在第15帧位置添加

图4-94 "动画编辑器"面板

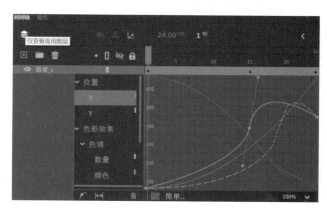

图4-95 调整运动曲线

复制	Ctrl+C
粘贴	Ctrl+V
以适合当前范围方式粘贴	Ctrl+Shift+V
反转	Ctrl+R
翻转	Ctrl+F

图4-96　设置运动曲线

锚点，并使用"部分选取工具"调整贝塞尔曲线的手柄，动画效果将变得更具戏剧化。

右键单击曲线网格，在弹出的菜单中可以选择"复制""粘贴""反转""翻转"等命令复制粘贴曲线，或沿X轴方向、Y轴方向镜像曲线改变运动轨迹。如图4-96所示。

单击"适应视图大小" [←→] 按钮可调整曲线网格界面以适应时间轴面板中的大小。单击"为选定属性适用缓动" [◢] 按钮可为选中的属性添加各种缓动模式，包括"简单"（慢速、中、快速、最快）、"停止和启动"（慢速、中、快速、最快）、"回弹和弹簧"（回弹、BounceIn、弹簧）、"其它缓动"（正弦波、锯齿波、方波、随机、阻尼波）及"自定义"。在此案例中设置为"简单–慢速"，缓动为"–100"。如图4-97所示。

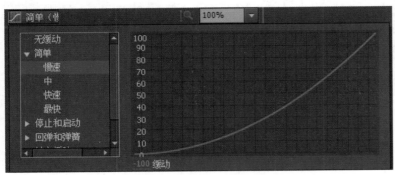

图4-97　为运动曲线添加各种缓动模式

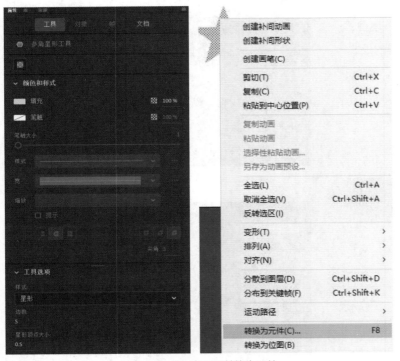

图4-98　将五角星形转换为元件

二、制作传统补间动画

（一）传统补间动画概念

传统补间动画可以创建复杂的动画，在两个关键帧之间自动生成补间效果。构成传统补间动画的元件包括影片剪辑、图形元件、按钮等，如果使用组合做传统补间动画将会生成很多补间，不利于调整。

传统补间动画在时间轴上的背景颜色为紫色，在起始帧和结束帧之间产生一个长长的箭头。

（二）传统补间动画制作方法

（1）新建空白文档，类型选择"ActionScript3.0"，其余为默认设置。

（2）点击工具栏上的"多角星形工具"，在"属性"面板的"工具选项"中"样式"选择为"星形"，"填充"颜色为黄色，"笔触"为无，绘制一个五角星形，选择图形，点击右键选择"转换为元件"命令或按快捷键【F8】，将图形转换为"图形元件"，将元件置于舞台左侧。如图4-98所示。

（3）在"时间轴"面板的第24帧单

击右键，在弹出的菜单中选择"插入关键帧"命令，或按【F6】快捷键插入关键帧，并在两帧之间单击右键，在弹出的菜单中选择"创建传统补间，将第24帧的图形元件移至舞台右侧。如图4-99所示。

（4）选中第1个关键帧的图形元件，在其"属性"面板的"位置和大小"选项中缩小图形的"宽"和"高"，在"色彩效果"选项中选择"Alpha"选项，并调整透明度为"30%"。如图4-100所示。

（5）点击"时间轴"面板上传统补间动画的任意位置，单击右键打开"属性"面板，选择"帧"，在"补间"选项设置"旋转"属性为"顺时针"，旋转周数为"1"。如图4-101所示。

此时，五角星图形元件将实现由小到大、从左到右的淡入旋转运动。打开"绘图纸外观"按钮，观察运动轨迹。如图4-102所示。

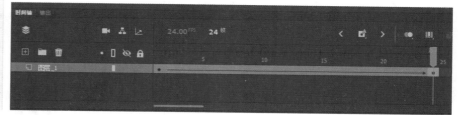

图4-99 创建传统补间动画

三、制作形状补间动画

（一）形状补间动画概念

形状补间动画是根据起始帧和结束帧两帧之间的笔触和填充来创建的动画，是Animate动画中非常重要的表现手法之一，可以实现两个图形之间的颜色、形状、大小和位置的过渡变化，其灵活性介于传统补间动画和逐帧动画之间。

构成形状补间动画的元素主要为绘制的点阵图，元件、位图、组或文字必须先"分离"再变形。形状补间动画在时间轴上的背景颜色为绿色，在起始帧和结束帧之间产生一个长长的箭头。

图4-100 调整"属性"面板

图4-101 设置旋转属性

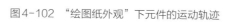

图4-102 "绘图纸外观"下元件的运动轨迹

（二）形状补间动画制作方法

1. 变幻的字母

（1）新建空白文档，类型选择"ActionScript3.0"，其余默认设置。

（2）点击工具栏上的"文本工具"，在"属性"面板的"字符"中选择"Freestyle Script"，文字颜色为玫红色，字符大小为"300pt"，在舞台中央输入字母"a"。在第15帧位置按【F7】或单击右键选择"插入空白关键帧"，在舞台输入字母"o"。如图4-103所示。

（3）选择字母，使用对齐功能调整字母在舞台中的位置，并按【Ctrl+B】（Win）/【Command+B】（Mac）将两个字母分离为点阵图。

（4）在两个关键帧之间单击右键，在弹出的快捷菜单中选择"创建补间形状"。如图4-104所示。

2. 使用形状提示制作形状补间动画

形状补间动画的形变有时候不可预料，为了创建平滑的变形，可以使用"修改"→"形状"→"添加形状提示"命令，改善形状的变化过程。"修改"→"形状"→"删除所有提示"可删除提升点，"视图"→"显示形状提示"可查看所有形状提示点。

形状提示点由"a"至"z"共26个字母组成，每组形状提示点由开始关键帧的黄色提示点、结束关键帧的绿色提示点组成，当提示点不在同一条曲线上时为红色。

创建形状提示点时应遵循下列规则：

◇ 过于复杂的形状补间需创建中间形状后再设置形状提示点；

◇ 形状提示点在起始关键帧上应顺序一致，符合逻辑；

◇ 逆时针顺序工作效果更好；

◇ 哪里不需要形变就将提示点放哪里。

（1）新建空白文档，类型选择"ActionScript3.0"，其余默认设置。

（2）点击工具栏上的"矩形工具"，在"属性"面板中设置"填充"颜色为玫红色、"笔触"为无。如图4-105所示。

图4-103 设置静态文本属性并输入文字

图4-104 创建补间形状

图4-105　设置"矩形工具"属性

图4-106　绘制正方形

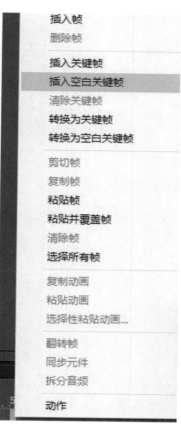

（3）按住【Shift】键在舞台中绘制一个正方形，宽度为"120"，使用"水平居中"和"垂直居中"的对齐方式将正方形放于舞台中心。如图4-106所示。

（4）在第5帧按【F7】或单击右键选择"插入空白关键帧"，在工具栏选择"多角星形工具"，在"属性"面板设置填充颜色为玫红色、点击"选项"弹出"工具设置"面板，设置"边数"为"3"。如图4-107所示。

图4-107　插入空白关键帧

（5）按住【Shift】键在舞台中绘制一个正三角形，宽度为"120"，使用"水平居中"和"垂直居中"的对齐方式将三角形与正方形上端对齐。可打开"时间轴"面板上的"绘图纸外观"工具便于查看。如图4-108所示。

图4-108　绘制正三角形

（6）在第10帧按【F6】或单击右键选择"插入关键帧"，在工具栏选择"选择工具"调整三角形边缘的弧度，变为半个爱心形状。如图4-109所示。

（7）复制并粘贴半个爱心形状，点击"变形工具"的"水平翻转"按钮，将复制的一半爱心形状水平翻转，拼接为一个完整的爱心。如图4-110所示。

图4-109　调整三角形边缘弧度

图4-110　复制粘贴半个爱心形状

友情提示

　　爱心的绘制有多种方法，除了使用多角星形工具也可以使用"钢笔工具"绘制。此处使用三角形调整更为便捷，按住【Ctrl】键可为线段添加转折点。

　　（8）打开"时间轴"面板上的"绘图纸外观"工具，使用"任意变形工具"调整爱心与三角形至合适位置。如图4-111所示。

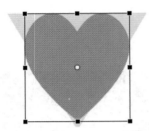

图4-111　调整爱心与三角形的位置

　　（9）为第1～10帧创建形状补间动画，目前动画不太流畅，需要添加形状提示点以个别调整动画的变形效果。

　　（10）在第1个关键帧，选择"修改"→"形状"→"添加形状提示"命令，快捷键【Ctrl+Shift+H】（Win）/【Command++Shift+H】（Mac），为正方形添加"a""b"两个提示点。如图4-112所示。

　　（11）在第5帧将添加的提示点调整至三角形的合适位置，提示点为绿色即为设置成功。如图4-113所示。

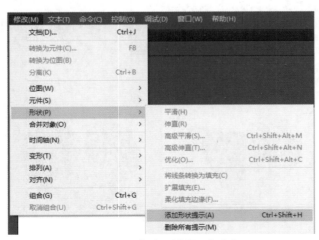

图4-112　"添加形状提示"命令

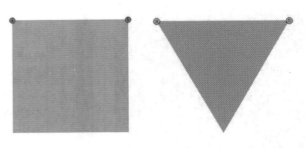

图4-113　在第5帧调整形状提示点的位置

　　（12）使用同样的方法为第5帧添加一个提示点，在第10帧将该提示点调整至合适的位置。此时动画播放更为流畅。如图4-114所示。

图4-114　在第5帧添加一个提示点

　　（13）选中第1～10帧，单击右键选择"复制帧"命令，在第15帧单击右键选择"粘贴帧"命令。如图4-115所示。

图4-115　复制并粘贴第1~10帧的动画

　　（14）选中第15～24帧，单击右键选择"翻转帧"命令，可将第1～10帧的动画倒序播放，此时第1～24帧为一个连续循环的动画。如图4-116所示。

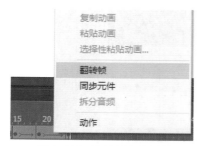

图4-116 翻转所粘贴的帧

四、综合案例：圣诞快乐

1. 案例知识点

通过案例掌握传统补间动画、补间动画和形状补间动画的基本设置，掌握图形元件的创建与编辑，缓动在动画中的运用，以及滤镜动画、摄像头动画等的基本操作，通过案例练习理解Animate三种补间动画的基本概念与区别。

"圣诞快乐"案例
视频教学

2. 案例操作步骤

（1）使用渐变颜色创建背景。

①新建空白文档，类型选择"ActionScript3.0"，文档大小设置为"640×800"，其余为默认设置。

②将图层1命名为"蓝天"，选择工具栏中的"矩形工具"，调整填充颜色为"径向渐变"，并设置蓝色渐变效果，在舞台中绘制一个渐变的矩形；使用"选择工具"调整矩形下端的弧度，并延长至200帧，效果如图4-117所示。

③新建图层2，命名为"雪地"，选择"矩形工具"，填充颜色为浅灰色，在天空下绘制一个矩形，使用"选择工具"调整矩形上端的弧度；并选择"画笔工具"，笔触颜色为蓝灰色，"笔触大小"为"15"，笔触"样式"在"画笔库"选择为"Calligraphy2"，在"雪地"矩形上绘制雪的阴影部分，效果如图4-118所示。按【F5】键延长至200帧。

（2）山的绘制与动画设置。

①新建图层3，置于两个图中间，命名为"山"，在菜单栏中选择"插入"→"新建元件"命令，打开"创建新元件"面板，将名称命名为"shan1"，点击

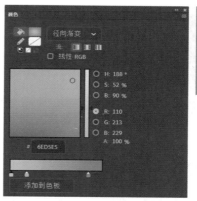

图4-117 创建渐变的背景

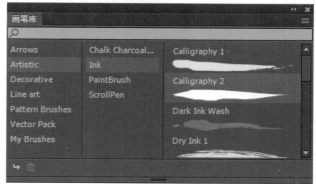

图4-118 绘制雪地阴影

"确定"按钮。如图4-119所示。

②使用"多角星形工具"绘制一个色彩为"#6393A9"的三角形，并用"直线工具"修改山尖和侧边，为其填充灰白色"#F3FFFF"和浅蓝色"#A7DBF0"。如图4-120所示。

③创建新的图形元件"山"，打开"库"

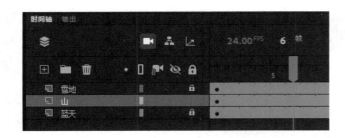

图4-119 创建"shan1"元件

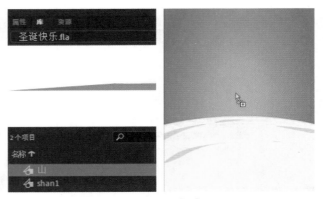

图4-121 创建"山"元件

图4-120 使用"多角星形工具"绘制的效果图

图4-122 将"shan1"元件拖至"山"元件

面板将空白的图形元件"山"拖至舞台中，如图4-121所示。双击进入"山"元件，此时将以舞台为背景，从"库"面板中将"shan1"拖至舞台中，如图4-122所示。

④在"库"面板中选中"shan1"，单击右键选择"直接复制"命令，打开"直接复制元件"面板，修改名称为"shan2"，点击"确定"；单击元件图标♣下拉箭头选择"shan2"进入该元件编辑区，使用"任意变形工具"调整山的宽度和高度。

使用同样的方法修改元件"shan3"，将修改好的"shan2"和"shan3"拖至舞台中，并且三座山元件处于不同的图层，效果如图4-123所示。

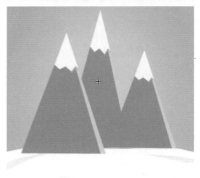

图4-123 三座山的效果

⑤在"山"元件里为三个图层"shan1""shan2""shan3"分别设置山拔地而起的动画。

◇"shan1"图层：在第7帧按【F6】键插入关键帧，选中第1~7帧，单击右键选择"创建传统补间"命令；使用"任意变形工具"将第1帧的山压扁，第7~9帧山弹回原形；

◇"shan2"图层：在第4~10帧创建传统补间动画，为山拔地而起，第10~12帧为山弹回原形；

◇"shan3"图层：在第7~13帧创建传统补间动画，为山拔地而起，第13~15帧为山弹回原形。如图4-124所示。

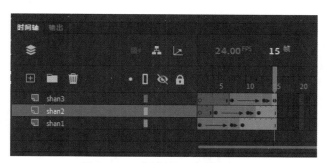

图4-124 分别设置三座山的动画

为三个图层的动画添加缓动效果为"-100"。如图4-125所示。

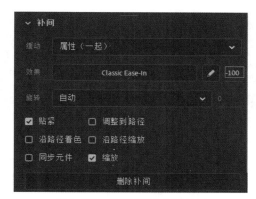

图4-125 为动画添加缓动效果

⑥回到场景，将"山"图层延长至200帧，并点击"山"图形元件，在其属性面板设置"循环"选项为"播放一次"。如图4-126所示。

（3）树的绘制与动画设置。

①新建图层4置于顶层，并命名为"树"，在第22帧按【F7】插入空白关键帧，在菜单栏中选择"插入"→"新建元件"命令，打开"创建新建元件"面板，将名称命名为"树"，点击"确定"按钮创建图形元件。如图4-127所示。

②用"多角星形工具"绘制一个绿色（#399380）三角形，使用"任意变形工具"调整大小，组成树冠。如图4-128所示。

图4-126 设置"山"图形元件"播放一次"命令

图4-127 创建"树"元件

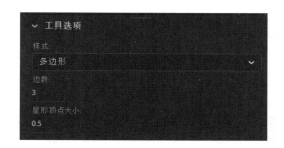

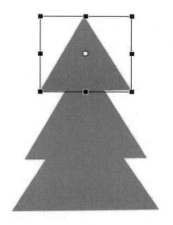

图4-128 绘制树冠

③使用"矩形工具"绘制棕色（#6E393E）树根，使用"线条工具"分割树的阴影和积雪，并填充相应色彩，效果如图4-129所示。

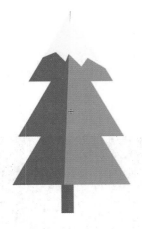

图 4-129 "树"效果图

图 4-131 "树"元件在场景中的效果图

④新建"树动画"图形元件，打开"库"面板，将"树动画"元件拖至场景"树"图层的第22帧，并双击进入"树动画"元件创建三个图层，分别为"树1""树2""树3"。如图4-130所示。

⑤将"树"元件拖至三个图层，使用"任意变形工具"调整大小和位置，效果如图4-131所示。

⑥为每个图层设置树动画，具体如下。

◇"树1"图层：第1 ~ 6帧为树拔地而起，接着以一拍二的方式到第10帧结束左右晃动1次，如图4-132所示；

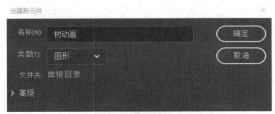

图 4-132 设置"树1"动画

◇"树2"图层：第4 ~ 9帧为树拔地而起，接着以一拍二的方式到第13帧结束左右晃动1次，如图4-133所示；

图 4-130 新建"树动画"元件

图 4-133 设置"树2"动画

◇ "树3"图层：第8～13帧为树拔地而起，接着以一拍二的方式到第17帧结束左右晃动1次。按【F5】延长"树1"和"树2"图层至第17帧。如图4-134所示。

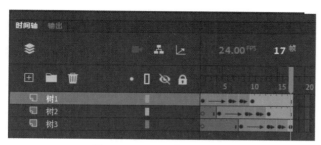

图4-134 设置"树3"动画

⑦回到场景，点击"树动画"图形元件，在其"属性"面板设置"循环"选项为"播放一次"。如图4-135所示。

图4-135 设置"树动画"图形元件"播放一次"命令

（4）房子的绘制与动画设置。

①新建图层5为"房子"图层，在第11帧按【F7】插入空白关键帧，在菜单栏中选择"插入"→"新建元件"命令，打开"创建新元件"面板，将名称命名为"房子"，点击"确定"按钮创建图形元件。如图4-136所示。

图4-136 新建"房子"元件

②使用"线条工具"勾勒房子的轮廓，并为其填充相应色彩。如图4-137所示。

③使用"椭圆工具"和"矩形工具"绘制房子的窗户和门，使用"画笔工具"绘制房顶上的积雪轮

廓，并填充颜色。如图4-138所示。

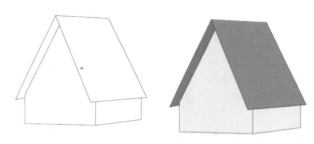

图4-137 绘制房子轮廓并填充颜色

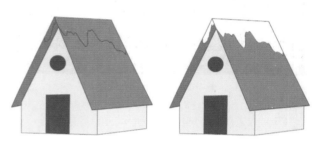

图4-138 "房子"效果图

④返回场景，新建"房子动画"图形元件，并从"库"面板中将"房子动画"元件拖至"房子"图层的第11帧，双击进入编辑动画，从"库"面板中将"房子"元件拖至舞台合适位置。如图4-139所示。

图4-139 "房子"元件在画面中的位置

⑤先使用"任意变形工具"调整"房子"元件的中心点至底部，第1～5帧为房子迅速由小变大、从舞台外落至地面，第5～8帧、第8～10帧分别为房子被挤压然后弹回原形的动画。如图4-140所示。

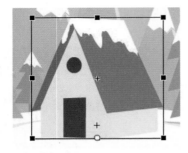

图4-140 "房子"动画

（5）雪人的绘制与雪球变形动画。

①新建图层6为"雪人"图层，在第35帧按【F7】插入空白关键帧，绘制一个白色的雪球，设置第35～41帧、第41～43帧、第43～45帧、第45～47帧、第47～55帧分别为：从舞台的一旁掉落到雪地左侧边缘、被挤压、膨胀、弹回原形、滚至雪地右侧，并创建形状补间动画。如图4-141所示。

图4-141 第35~55帧雪球运动时间设置

②设置第65、68、71、74、77帧分别为：雪球原形、雪球左边被挤压、雪球变回原形、雪球右边被挤压、雪球变回原形，并创建形状补间动画，按【F6】插入关键帧延长至第80帧。如图4-142所示。

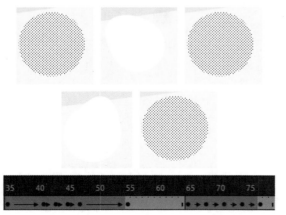

图4-142 雪球状态与运动时间设置

③设置第80～84帧、第84～92帧分别为：小球变大、从雪地右侧滚至左侧，创建形状补间动画。如图4-143所示。

图4-143 雪球运动时间设置

④使用"椭圆工具"绘制雪人的身体和五官，用"钢笔工具"绘制雪人的围巾，用"多角星形工具"绘制雪人的帽子，效果如图4-144所示。

图4-144 雪人绘制

⑤设置第92～94帧为雪球变成雪人形状，不设置补间动画。如图4-145所示。

图4-145 雪球变成雪人时间动画

（6）文字动画。

①新建图层7为"文字"图层，在第95帧按【F7】插入空白关键帧，选择"文本工具"，在"属性"面板"字符"系列中选择"华文行楷"，字体大

小为"74pt"、文字颜色为玫红色，在舞台上合适位置输入"Merry Christmas"。如图4-146所示。

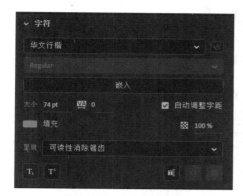

图4-146　文字设置参数

②将文字转换为影片剪辑元件，为文字添加"投影"滤镜，调整角度、距离、挖空属性。如图4-147所示。

图4-147　文字滤镜设置参数

③在第105帧按【F6】插入空白关键帧，将第95帧的文字元件缩小拖至合适位置，"投影"滤镜颜色改为白色。如图4-148所示。

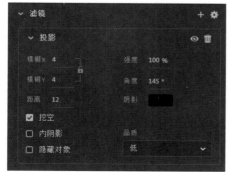

图4-148　修改文字位置与大小

④创建第95～105帧的传统补间动画，并为补间动画添加"顺时针"旋转"1"周，并按【F5】将动画延长至200帧。如图4-149所示。

图4-149　文字补间动画设置

（7）雪花动画。

①新建图层8为"雪花"图层，在菜单栏中选择"插入"→"新建元件"命令，打开"创建新元件"面板，将名称命名为"雪花动画"，点击"确定"按钮创建影片剪辑元件。从"库"面板中将"雪花动画"元件拖至舞台，双击进入编辑区。

②在元件内用"线条工具"绘制雪花图形，并选中图形单击右键，在弹出的菜单中选择"转换为元件"命令，打开"转换为元件"面板，命名为"雪花"、类型为"图形"元件，点击"确定"按钮。如图4-150所示。

③创建雪花引导层动画：双击进入"雪花动画"影片剪辑元件编辑区，在"雪花"图形元件的上一层新建"图层2"，用"铅笔工具"或"钢笔工具"绘制雪花运动引导曲线，并单击右键设置为"引导层"，

图4-150　创建"雪花"元件

"雪花"为"被引导层"；并为"雪花"元件设置第1～100帧的传统补间动画，拖动雪花的位置、调整雪花运动弧线使其左右摇曳飘落。如图4-151所示。

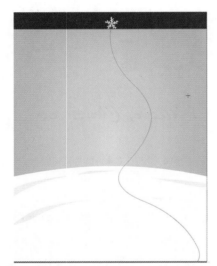

图4-151　创建雪花引导层动画

④返回场景，在"雪花"图层的上方新建一个图层，并为其添加雪花飘动的ActionScript3.0命令；同时打开"库"面板修改"雪花动画"影片剪辑元件的属性，勾选"高级"选项中的"为ActionScript导出"，并在"类"名称中输入"xh"。如图4-152所示。

⑤新建图层9为"音频"图层，在第1帧将音频

图4-152　添加雪花飘动的ActionScript3.0命令
并设置"类"名称

素材"儿童歌曲-merry christmas.mp3"导入舞台中，并持续到第200帧结束。

修改属性面板的"同步"属性为"开始"和"重复"，如图4-153所示。

图4-153　添加音频

（8）设置摄像头动画。

①点击"时间轴"面板的"摄像头" 🎥 按钮创建摄像头图层"Camera"，在第1帧修改摄像头属性的位置和缩放，并按【F6】插入关键帧延长至第10帧。如图4-154所示。

②在第20帧位置按【F6】插入关键帧，修改关键帧的摄像头属性，如图4-155所示，添加第10～20帧的传统补间动画，并延长至200帧。

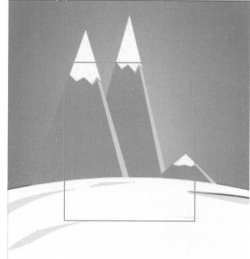

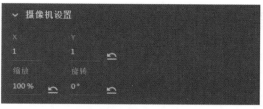

图4-154 创建摄像头

3. 案例总结

通过本案例熟悉了元件的创建、常用工具的使用等基本操作；同时通过不同的补间动画制作，理解了三种补间动画的区别及具体制作方法；掌握了缓动、滤镜、渐变等设置为动画增加效果的方法；熟悉了利用摄像头工具制作景别变化的效果。

图4-155 设置摄像头动画

第四节 引导层动画和遮罩动画

🔅 **内容结构**

🎯 **学习目标**

在前面的小节主要介绍了补间动画、传统补间动画和形状补间动画的概念与制作方法。本节主要介绍利用特殊图层创建引导层动画和遮罩动画。

本小节涉及的案例：师恩难忘。

一、引导层动画

（一）引导层动画概念

引导层动画由引导层和被引导层组成，指通过一个路径来制定这个动画运动的轨迹。引导层是一种特殊图层，可以使用钢笔、铅笔、线条、形状工具或笔刷工具绘制运动的轨迹作为对象运动的路径，且只显示在舞台工作区，输出的SWF文件将隐藏路径；被引导层可以是补间实例、组或文本。一个引导层动画可以有多个图层被引导，且引导层动画只适用于传统补间动画。

（二）引导层动画制作方法

1. 建立引导层

方法一：新建图层1，右键单击路径图层，在弹出的菜单中选择"引导层"命令，图层名称前会显示

🔨图标；此时新建图层2作为被引导层，并用鼠标拖至引导层下方，引导图层名称前出现🔨图标表示引导成功，否则表示不成功。如图4-156所示。

图4-156 添加引导层：方法一

方法二：右键单击路径图层，在弹出的菜单中选择"添加传统运动引导层"命令，系统会自动生成被引导层，且完成引导。如图4-157所示。

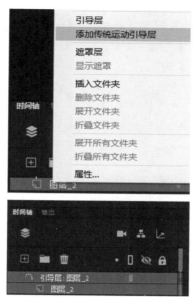

图4-157　添加引导层：方法二

2. 自行车爬坡案例

（1）新建空白文档，类型选择"ActionScript3.0"，其余默认设置。

（2）使用工具栏上的"椭圆工具"绘制一座绿色的小山坡，如图4-158所示。

图4-158　绘制小山坡

（3）选择工具栏上的"文字工具"，在"属性"面板中选择"字符"为"Webdings"，"大小"为"90pt"，颜色红色。新建图层2，输入字母"B"即为自行车，如图4-159所示。

（4）选中自行车图案按【F8】或单击右键，在弹出菜单中选择"转换为元件"命令，打开"转换为元件"面板，将自行车图案转换为图形元件，命名为"自行车"。如图4-160所示。

图4-159　设置自行车效果

图4-160　将自行车图案转换为元件

（5）新建图层3，使用"线条工具"绘制一条线段，并修改弧度与山坡一致；将"自行车"元件置于山脚左下端；右键单击图层3，在弹出菜单中选择"添加传统运动引导层"，并延长三个图层至70帧。如图4-161所示。

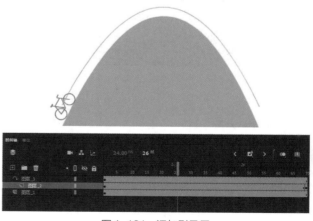

图4-161　添加引导层

（6）图层2的第70帧按【F6】插入关键帧，将"自行车"元件拖至山脚右下端，可以使用"任意变形工具"结合"紧贴至对象" 功能将"自行车"的中心点吸附至线条的终端。如图4-162所示。

（7）将图层2创建为传统补间动画。如图4-163所示。

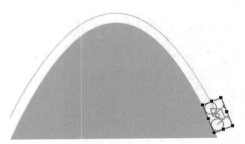

图4-162 设置"自行车"运动

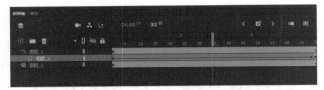

图4-163 为"自行车"创建传统补间动画

（8）此时，如果动画运动轨迹不自然，可勾选"属性"面板中的"调整到路径"选项进行调整。如图4-164所示。

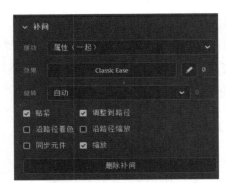

图4-164 勾选"调整到路径"选项

二、遮罩动画

（一）遮罩动画概念

遮罩动画由遮罩层和被遮罩层所组成，指通过"遮罩层"有选择性地显示位于其下方的"被遮罩层"中的内容，一般一个遮罩层可以同时遮住多个被遮罩层。

遮罩的主要作用一是屏蔽场景外的对象或特定区域外的对象，只显示需要部分，二是遮罩住元件的某一部分，从而实现一些特殊的效果。

遮罩层中的图形对象在播放时是看不到的，构成遮罩的元素有按钮、影片剪辑、图形、位图、文字

等，但不能使用线条，如果一定要用线条，可以将线条转化为填充，且遮罩层对象的许多属性如渐变色、透明度、颜色和线条样式等将被忽略，效果无法应用于被遮罩层。被遮罩层中的对象只能透过遮罩层中的对象被看到，构成被遮罩层的元素有按钮、影片剪辑、图形、位图、文字、线条，但在被遮罩层中不能放置动态文本。

遮罩层与被遮罩层可以同时或单独使用补间动画、引导层动画等动画手段，从而使遮罩动画变更具想象力和创作空间。

（二）遮罩动画制作方法

1. 舞台灯光效果

（1）新建空白文档，类型选择"ActionScript3.0"，舞台背景颜色改为黑色，其余默认设置。

（2）新建"文字"图层，输入黄色文字"Animate"；新建"圆图层"，画绿色的圆，做50帧从左到右的动画，创建形状补间动画。如图4-165所示。

图4-165 新建文字与圆形

（3）将"圆"图层置于"文字"图层的上方，选择"圆"图层，单击右键，在弹出的菜单中选择"遮罩层"。此时圆是遮罩物，文字是被遮罩物，显示的视觉效果为探照灯效果。如图4-166所示。

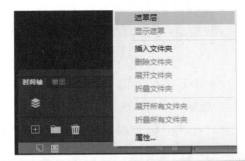

图4-166 设置"圆"为遮罩层

此时舞台犹如漆黑的夜晚，灯光照到之处可见文字。如图4-167所示。

2. 带颜色的舞台灯光效果

（1）新建空白文档，"平台类型"选择"Action Script3.0"，舞台背景颜色改为黑色，其余默认设置。

（2）新建"文字"图层，输入黄色文字"Animate"；新建"圆"图层，画绿色的圆，做50帧从左到右的动画，创建形状补间动画。

（3）将"文字"图层置于"圆"图层的上方，选择"文字"图层，单击右键，在弹出的菜单中选择"遮罩层"。此时文字是遮罩物，圆是被遮罩物，显示的视觉效果为带绿色的探照灯效果。如图4-168所示。

此时舞台犹如漆黑的夜晚，灯光照到之处可见绿色的文字。如图4-169所示。

图4-167 "圆"图层为遮罩层的效果

图4-168 设置"文字"为遮罩层

图4-169 "文字"图层为遮罩层的遮罩效果

（4）右键单击"文字"图层，在弹出的菜单中选择"拷贝图层"和"粘贴图层"，右键点击复制的图层，在弹出的菜单中选择"属性"，在弹出的"图层属性"面板中将"类型"修改为"一般"，这样可将原本是遮罩层的图层改为一般图层。如图4-170所示。

（5）将复制的"文字"图层拖至最下方，此时舞台上显示黄色的文字，灯光照到之处变成绿色。如图4-171所示。

3. 波光粼粼的湖面案例

根据前面所讲的两种遮罩动画效果，下面将一张平面位图做成波光粼粼的湖面动画。

图4-170 复制"文字"遮罩层并修改"图层属性"

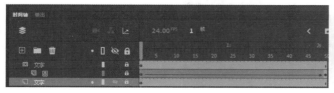

图4-171 变色遮罩效果

图4-172 在"文档设置"对话框调整舞台大小

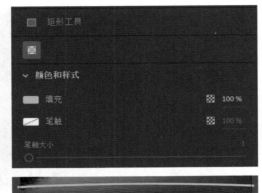

图4-173 新建矩形的参数与效果

图4-174 将复制的线框转换为元件

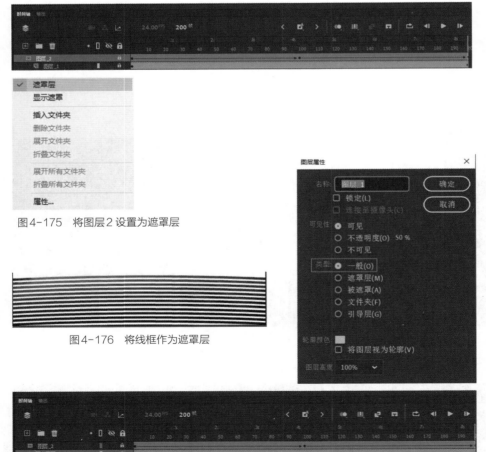

图4-175 将图层2设置为遮罩层

图4-176 将线框作为遮罩层

图4-177 复制照片图层并修改"图层属性"

（1）新建空白文档，"平台类型"选择"Action Script3.0"，其余默认设置。在菜单栏选择"文件"→"导入"→"导入到舞台"命令，将"humian.jpg"图形文件导入舞台作为图层1。

（2）在菜单栏选择"修改"→"文档"，打开"文档设置"命令，点击"匹配内容"按钮，将舞台大小调整为位图大小。如图4-172所示。

（3）新建图层2，点击工具栏的"矩形工具"，绘制弯曲的细长线框。如图4-173所示。

（4）使用"选择工具"，按住【Alt】键多次复制线框，并按【F8】将其转换为元件。如图4-174所示。

（5）为图层2设置上下反复移动的动画，第1～100帧从下往上，第101～200帧从上往下，并将图层2设置为遮罩层。如图4-175所示。

此时湖面如图4-176所示，只留下线框，没有背景，所以复制图层1即可。

（6）右键单击图层1，在弹出的菜单中选择"拷贝图层"和"粘贴图层"，右键单击复制的图层1，在弹出的菜单中选择"属性"，在弹出的"图层属性"面板中将"类型"修改为"一般"，这样可将原本是遮罩层的图层改为一般图层。如图4-177所示。

（7）将复制的图层1的位置通过鼠标上下键下移一格至最下方，此时测试影片，湖面波光粼粼的效果已经实现。如图4-178所示。

图4-178 最终效果

三、综合案例：师恩难忘

1.案例知识点

通过案例掌握传统补间动画、引导层动画和遮罩动画的基本设置，掌握图形元件的创建与编辑、缓动在动画中的运用、滤镜动画等的基

"师恩难忘"案例
视频教学

本操作，通过案例练习理解引导层动画和遮罩动画的基本概念与使用方法。

2.案例操作步骤

（1）背景的导入与文字动画设置。

①新建空白文档，"平台类型"选择"ActionScript3.0"，文档大小设置为"1200×1800"，其余为默认设置。如图4-179所示。

②在菜单栏选择"文件"→"导入"→"导入到舞台"命令，将"背景.jpg"图形文件导入舞台。将图层1重命名为"背景"并延长至400帧处按【F5】。如图4-180所示。

③将"师恩难忘字体.psd"素材文件导入"库"，并将其并拖至舞台。如图4-181所示。

右键单击文字右键选择"分离"，再次点击右键选择"分散到图层"，四个文字将被分离到独立的图层，调整图层顺序并重命名。如图4-182所示。

④选中"师"字按【F8】将其转换为元件，在该图层第1～7帧创建传统补间动画，并将第1帧的"色彩效果"设置为"Alpha,"透明度属性值调为"0%"，然后以一拍二的形式设置"师"字左右

图4-179 新建文档

图4-180 导入背景

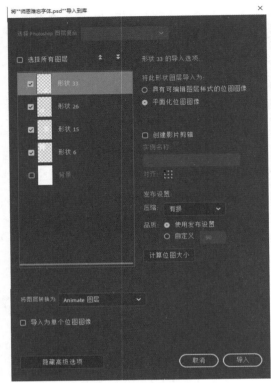

图4-181 导入"师恩难忘"字体

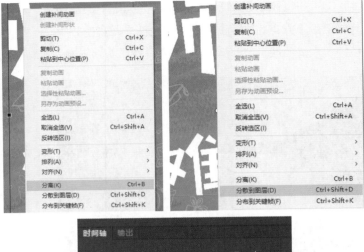

图4-182 将文字分散至图层

图4-183 将"师"转换为元件并设置色彩效果

晃动五次到第17帧停止，并按【F5】延长至400帧。如图4-183所示。

同样的方法先将"恩"字转换为元件，于第22帧出现，在第22～28帧创建传统补间动画，以一拍二左右晃动于第38帧停止，按【F5】延长至400帧。

"难"字转换为元件后于第44帧出现，在第44～51帧创建传统补间动画，左右晃动后于第61帧停止，按【F5】延长至400帧。

"忘"字转换为元件后于第66帧出现，在第66～73帧创建传统补间动画，左右晃动后于第83帧停止，按【F5】延长至400帧。如图4-184所示。

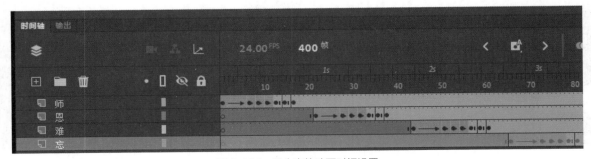

图4-184 四个字的动画时间设置

（2）闹钟动画和云朵动画设置。

①新建"闹钟"图层，在菜单栏选择"文件"→"导入"→"导入到舞台"命令，将"闹钟.png"图形文件导入至舞台，并按【F8】将其转换为元件。

②在第95帧插入一个空白关键帧，绘制一个圆形并转换为元件，"圆形"滚动到舞台变成"闹钟"，在第95～111帧创建传统补间动画，设置补间属性"旋转"为"顺时针"，"缓动"为"−100"。第111～114帧圆形瞬间转换为闹钟，第114～142帧以一拍二的方式设置闹钟由大到小、由小变大的震动效果，第148帧变大，第153帧变小。如图4-185所示。

③新建"闹钟震动"图层，使用"铅笔工具"绘制闹钟震动的波纹，并在对应放大的闹钟上层插入波纹。如图4-186所示。

④新建两个"云朵"图层分别为"云1"和"云2"；用"椭圆工具"绘制云朵、用"直线工具"绘制云朵上面的线，并转换为元件"云朵"。如图4-187所示。

⑤"云1"图层第159～174帧创建云朵因重力下坠—弹起—下落—弹起—停止的传统补间动画，按【F5】延长帧至400帧。

"云2"图层的第178～192帧重复以上操作。如图4-188所示。

（3）灯与灯光遮罩动画设置。

①新建"灯"图层，用"椭圆工具""矩形工具"和"线条工具"绘制灯，并转换为元件。第196～217帧创建灯下坠—弹起—下落—弹起—停止的传统补间动画，并按【F5】延长帧至400帧。如图4-189所示。

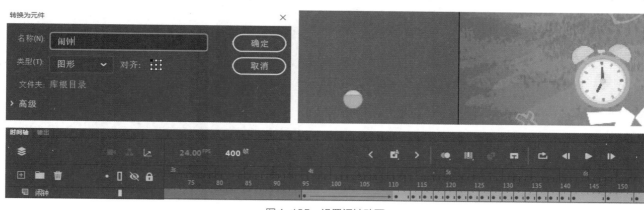

图4-185　设置闹钟动画

图4-186　闹钟震动动画

图4-187　绘制云朵并转换为元件

图4-188　设置云朵动画

②在菜单栏选择"插入"→"新建元件"打开"创建新元件"面板，新建"灯光闪烁"影片剪辑，使用"椭圆工具"和"线条工具"绘制一个圆心和一条线段，将线段的中心点移至圆中心点，打开"变形"面板设置旋转角度为"10"，并按"重置选区和变形"按钮，生成一个放射圆，选中整个放射圆，在菜单栏选择"修改"→"形状"→"将线条转换为填充"。如图4-190所示。

③复制放射圆图层，更改颜色为黄色，置于下层，打开"变形"面板点击"水平翻转" ，并将其转换为元件；设置80帧旋转动画，补间的缓动"效果"设置为"Bounce Ease-In"、旋转设置为"逆时针"；选中图层1将其设置为"遮罩层"。如图4-191所示。

图4-189 绘制"灯"元件并设置动画

图4-190 新建"灯光闪烁"影片剪辑

图4-191 设置黑色放射圆为遮罩层

④新建"灯光闪烁"图层，在第218帧插入空白关键帧，将"灯光闪烁"影片剪辑元件拖至舞台，置于"灯"的下面，并按【F5】延长至400帧。如图4-192所示。

图4-192　将"灯光闪烁"影片剪辑元件置于"灯"的下面

（4）飞机引导层动画。

①新建"纸飞机"图层，在第262帧插入空白关键帧，使用"多角星形工具"，在"属性"面板中打开"工具设置"对话框将边数设置为"3"；填充颜色为白色。如图4-193所示。

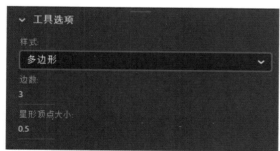

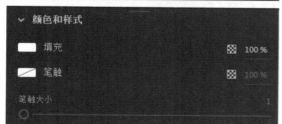

图4-193　"多角星形工具"参数设置

②绘制两个大小不等的白色三角形，使用"任意变形工具"的"扭曲"▣和"多边形工具"☑调整飞机的造型，并将其转换为元件。如图4-194所示。

③新建"飞机引导层"图层，用"铅笔工具"绘

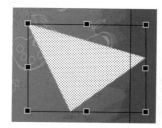
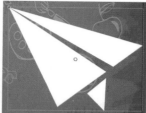

图4-194　绘制飞机造型

制一条飞机绕行的曲线；设置"纸飞机"元件第262～320帧从曲线的一头移动到另一头的传统补间动画，同时勾选"调整到路径"复选框；并将"飞机引导层"图层右键设置为引导层，"纸飞机"图层拖拽至"飞机引导层"下方。如图4-195所示。

图4-195　新建"飞机引导层"

④复制"飞机引导层"图层作为飞机飞过的痕迹并命名为"虚线"，设置笔触颜色为白色、"笔触大小"为"4"、"样式"为"虚线"，打开"笔触样式"对话框调整"虚线"和"间距"的点分别为"8"和"10"。如图4-196所示。

⑤结合"套索工具"和"橡皮擦工具"修改飞机痕迹的逐帧动画。如图4-197所示。

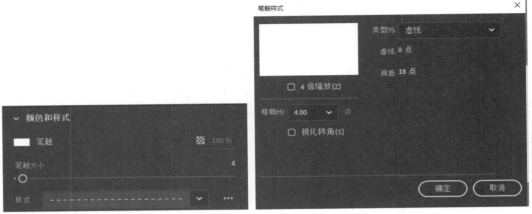

图4-196 复制"飞机引导层"并修改"笔触样式"

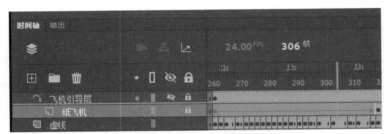

图4-197 绘制虚线逐帧动画

⑥新建"背景音乐"图层，在菜单栏选择"文件"→"导入"→"导入到库"命令，将"爱的纪念.mp3"音频文件导入至"库"，将第1帧的"属性"面板打开，声音"名称"选择为"爱的纪念.mp3"。如图4-198所示。

最终效果如图4-199所示。

图4-198 导入音频

图4-199 《师恩难忘》（作者：王子洋）

3. 案例总结

通过案例分析掌握了引导层动画和遮罩动画的创建、常用工具的使用等基本操作。

本章习题

1. 元件的类型有哪些，分别有什么作用？

2. 按钮元件的四种状态分别是什么？

3. 如何共享"库"面板中的元件？

4. "库"元件中的属性改变时，由它生成的舞台上的实例属性是否改变？

5. 绘制一个简单的矢量图形，并转换为元件。

6. 理解制作逐帧动画时动画节奏与帧数的关系。

7. 利用逐帧动画设计一个自由变形动画。

8. 理解补间动画、传统补间动画和形状补间动画的概念与区别。

9. 什么是引导层动画，它的作用是什么？

10. 遮罩层的主要作用是什么？

11. 一个遮罩层是否只能遮住一个对象？

12. 渐变色、透明度、颜色和线条样式等效果能否用于遮罩层？

13. 运用遮罩或引导层制作一个网络广告动画。

第五章

高级动画制作

——

学时
16学时（讲课6学时、实训10学时）

基本要求

了解骨骼动画的概念，掌握两种骨骼动画的创建与编辑，运用骨骼工具制作简单的角色动画；理解ActionScript3.0的基本使用方法，掌握运用ActionScript3.0制作具有一定交互功能的动画影片；了解制作角色动画可能遇到的技术问题和供参考的解决方案；探讨角色动画的本质和原理方法。

重点

骨骼动画的创建与动作设计、ActionScript3.0的基本使用方法。

难点

掌握角色动画的基本运动规律、设计富有表现力的角色动画。

教学内容

1. 制作骨骼动画
2. 制作交互动画
3. 制作角色动画

第一节　制作骨骼动画

内容结构

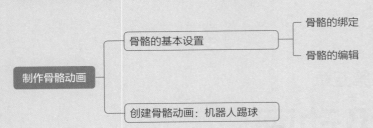

学习目标

本小节主要介绍了骨骼动画的概念及创建方法，以案例的方式介绍了两种骨骼动画的创建与的编辑。通过案例的演示与知识点的讲解，理解骨骼动画的基本原理，掌握运用骨骼工具制作简单的角色动画。

本小节涉及的案例：机器人踢球。

一、骨骼的基本设置

骨骼动画是一种使用骨骼工具对对象进行动画处理的方式，这些骨骼按父子关系链接成线性或枝状的骨架；当移动一个骨骼时，与其相连的骨骼也发生相应的移动。

骨骼工具支持的绑定对象主要有形状和元件。由此形成两种常见的绑定模式：刚性绑定和柔性绑定。刚性绑定是指使用骨骼工具为影片剪辑、图形元件或按钮实例添加反向运动骨骼。柔性绑定是指使用骨骼工具为同一图层的单个形状或一组形状添加反向运动骨骼。

（一）骨骼的绑定

1. 为形状添加骨骼

柔性绑定只支持同一图层的单个形状或一组形状。无论哪种情况，用户必须先选择所有形状，然后再添加第一个骨骼。添加骨骼之后，Animate 会将所有形状和骨骼转换为一个 IK 形状对象，并将该对象移至一个新的骨架图层。如图 5-1 所示。

利用"绑定工具" 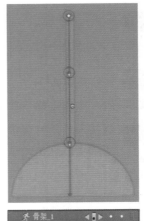 可以修改骨骼绑定的影响范围，如图 5-2 所示，黄色点为受骨骼影响的区域，按住【Ctrl】（Win）或【Command】（Mac）可点选黄色点修改骨骼的影响权重。

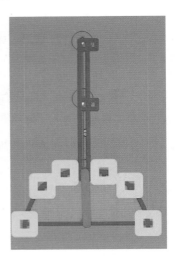

图 5-1　为形状添加骨骼　　　　图 5-2　修改骨骼的影响权重

2. 为元件添加骨骼

使用"骨骼工具"可以为影片剪辑、图形元件和按钮实例添加反向运动骨骼，若要为文本添加骨骼，需先将其转换为元件。元件实例允许位于不同的图层，Animate会将它们添加到同一骨架图层。如图5-3所示，毛毛虫的身体和头部由多个元件组成，用"骨骼工具"选择毛毛虫的尾部作为骨架的根部，依次单击两个相连的元件实例即可把整个毛毛虫连接。

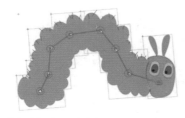

图5-3　为元件添加骨骼（参考"好饿的毛毛虫"绘制）

（二）骨骼的编辑

创建骨骼后，用户可以对骨骼对象进行移动、删除等编辑。

1. 骨骼的选择

用"选择工具"可以选择单个骨骼，按住【Shift】键可以同时点选多个骨骼。

单击"骨架"图层中包含骨架的帧，或双击骨架就可以选择整个骨架，并在属性面板中显示骨架所在帧的属性。如图5-4所示。

在骨架属性最上层可以修改IK骨架的名称，下面包含"色彩效果""混合""缓动""选项""滤镜"五个选项。"色彩效果""混合"和"滤镜"与其他工具设置方法一致。

（1）"色彩效果"：用于设置骨架所绑定对象的"亮度""色调""高级"和"Alpha"值。如图5-5所示。

图5-4　IK骨架属性

图5-5　属性面板的"色彩效果"选项

（2）"混合"：用于设置骨架对象的图层叠加方式，方法与效果类似于PhotoShop的图层叠加设置。如图5-6所示。

图5-6　属性面板的"混合"选项

（3）"缓动"：强度数值在正负100之间调整，最大值"100"，表示对姿势帧之前的帧应用最明显的缓动效果；最小值"-100"，表示对上一个姿势帧之后的帧应用最明显的缓动效果。类型默认为"无"，包含9个选项。如图5-7所示。

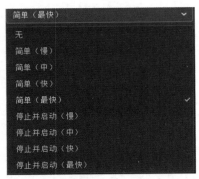

图5-7　属性面板的"缓动"选项

（4）"选项"：为在舞台上绘制骨骼的四种显示模式："线框""实线""线"和"无"，同时还包含是否"启用弹簧"属性。如图5-8所示。

图5-8　属性面板的"选项"选项

2. 骨骼的删除

选中要删除的骨骼，按下【Delete】键即可。

要删除骨骼形状或元件骨架中的任意元件实例，选择"修改"→"分离"，或快捷键【Ctrl+B】（Win）/【Command+B】（Mac）命令，分离为图形即可删除整个骨架。

3. 骨骼的移动

移动骨骼形状内的骨骼可以使用"部分选取工具"（快捷键【A】），点击骨骼任意一端的位置就可以移动骨骼和调整骨骼的长度。若要移动元件实例内的骨骼可以使用"任意变形工具"（快捷键【Q】），移动元件实例的变形点可以移动骨骼和调整骨骼的长度。若要移动单个元件实例而不影响其他元件，可以按住【Alt】键拖动该元件。使用旋转平移控件可精确调整控制范围。

单击骨骼头部，选择圆圈可编辑旋转属性，单击加号可编辑平移属性。如图5-9所示。

图5-9　骨骼的移动

每节骨骼不仅可以通过舞台用控件调整控制范围，也可以通过骨骼的"属性"面板（属性检查器）调整。如图5-10所示。

用"选择工具"（快捷键【V】）点击选择相应骨骼，点击属性面板即可打开该骨骼的属性检查器。通过面板中的上下左右箭头，用户可以将所选骨骼移动到相邻骨骼的"上一级"或"下一级"、"父级"或"子级"。

图5-10　IK骨骼的属性面板

（1）"位置"：为当前所选骨骼在X轴、Y轴上的坐标、骨骼的长度与角度。

（2）"关节：旋转""关节：X平移"和"关节：Y平移"：包含是否启用及"约束"的起始角度。

（3）"弹簧"：为角色骨骼设置"强度"和"阻

尼"属性可使骨骼更能体现真实的物理移动效果和更逼真的动画效果。弹簧"强度"的值越高，创建的弹簧效果越强。"阻尼"代表弹簧效果的衰减速率，数值越高，弹簧属性减小得越快。

二、创建骨骼动画：机器人踢球

1. 案例知识点

通过案例的分析与讲解掌握骨骼工具的基本创建和编辑的方法，利用骨骼工具创建角色动画。

"机器人踢球"案例
视频教学

在该案例中，"机器人"用到的绑定方式为刚性绑定，"路灯"用到的绑定方式为柔性绑定。如图 5-11 所示。

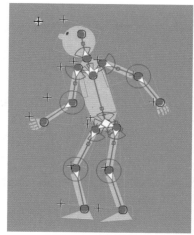
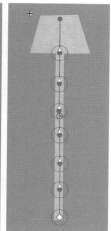

图 5-11　角色绑定方式

2. 案例操作步骤

（1）角色导入与骨骼绘制。

①新建类型为"角色动画"的空白文档，类型为"ActionScript3.0"，宽高为"1600×800"像素，"帧速率"为"24"，确定后在属性面板"文档"选项修改舞台颜色为"#669999"。如图 5-12、图 5-13 所示。

②在菜单栏选择"文件"→"导入"→"打开外部库"，在文件中选择"机器人元件"源文件，将机器人的"全身"和"灯"元件分别拖至舞台，并将其置于不同的图层。如图 5-14、图 5-15 所示。

图 5-12　新建文档

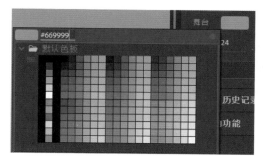

图 5-13　修改舞台颜色

图 5-14　打开外部库

图5-15 将"灯"和"全身"元件拖至舞台

③修改图层名称为"人"和"灯";并新建图层命名为"球",选择"椭圆工具",按住【Shift】键绘制一个黄色正圆。

④双击进入"人"元件编辑区,检查身体各部分分布于不同图层,并转换为相应的元件。如图5-16所示。

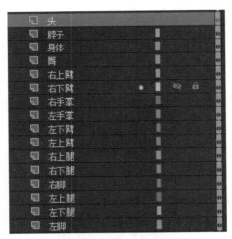

图5-16 检查角色各元件组成

⑤使用"骨骼工具",为角色添加骨骼,并为个别骨骼设置旋转角度,主要包括手臂、腿和脖子的关节位置旋转角度。如图5-17、图5-18所示。

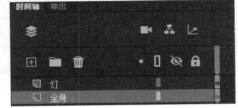

图5-17 设置旋转角度

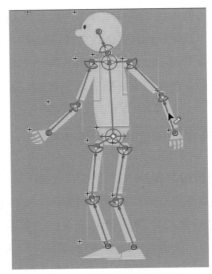

图5-18 关节旋转设置效果

⑥在"视图"菜单栏下调出"标尺",并拉出相应辅助线,保证角色在运动时脚步移动在合理范围内。如图5-19所示。

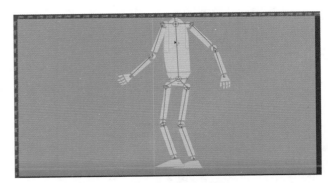

图5-19 调出辅助线

(2)骨骼动画动作设计。

绘制完角色和骨骼设置后,接下来就是构思角色的动作,又称为动作设计。动作设计是体现角色性格、动态特征最为重要的步骤,直接影响着整体的动画效果和流畅程度。

在这个案例中,我们为机器人角色设计了一个低头抬脚踢球,球飞出去砸到灯柱,被灯柱反弹回来的一个过程。在这个过程中,为了保证动作设计的节奏性和趣味性,个别地方需要作短暂的停留。

①为角色添加骨骼后,图层面板会自动生成一个骨架图层,右键点击时间轴上的骨骼图层,在弹出的菜单中选择"插入姿势"即可为角色添加新的动作。如图5-20所示。

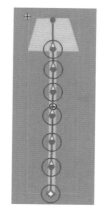

图5-20　插入姿势

③返回至场景编辑区，设置球的运动。

④双击进入"灯"编辑区，为"灯"形状添加骨骼，并设计灯动画。灯的动画设计为：灯柱被球砸中稍微弯曲、弯曲蓄力并暂停顿、发射并暂停顿、左右摇摆并停止。如图5-23、图5-24所示。

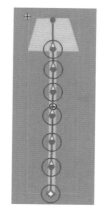

图5-23　为"灯"添加骨架

图5-24　"灯"动作时间设置

⑤调整球的运动与灯的运动相匹配。如图5-25所示。

图5-25　"球"动作时间设置

最终效果如图5-26所示。

②在第1、5、8、18、26、29帧分别为角色设计相应的动作，第1帧和第29帧为相同动作，并延长第8帧和第18帧的动作，作相应的停顿，形成动作设计的节奏感。如图5-21、图5-22所示。

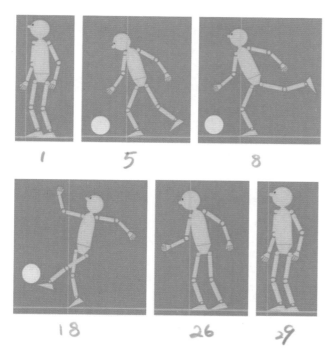

图5-21　相应动作设计

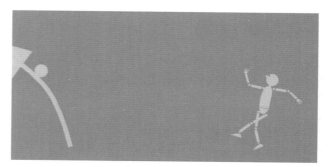

图5-26　最终效果

3. 案例总结

通过机器人踢球案例的分析熟悉了两种骨骼绑定的概念与绑定对象，掌握了骨骼的创建与编辑，明确了动作设计在动画创作中的重要性。

图5-22　相应动作时间设置

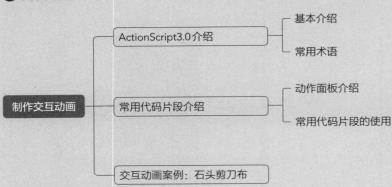

第二节 制作交互动画

内容结构

制作交互动画
- ActionScript3.0介绍
  - 基本介绍
  - 常用术语
- 常用代码片段介绍
  - 动作面板介绍
  - 常用代码片段的使用
- 交互动画案例：石头剪刀布

学习目标

本小节主要介绍了ActionScript3.0的概念及常用术语，以案例的方式介绍了动作面板及常用代码片段的使用。通过案例的演习与知识点的讲解，理解ActionScript3.0的基本使用方法，掌握运用ActionScript3.0制作具有一定交互功能的动画影片。

本小节涉及的案例：石头剪刀布。

一、ActionScript 3.0介绍

（一）基本介绍

AS 3.0是ActionScript3.0的缩写，使用ActionScript3.0脚本语言能为动画添加复杂的交互功能、播放控制和数据显示等操作。ActionScript3.0包含许多类似于ActionScript1.0和2.0的类和功能，且在架构和概念上与早期的ActionScript版本不同，新增了核心语言功能，以及能够更好地控制低级对象的改进API。因此，要求开放人员对编程概念有更深入的了解。对于艺术专业的学生并不需要精通它，可以使用代码片段简单而直观地为项目添加ActionScript代码实现按钮的交互功能、动画的播放控制等简单任务。

（二）常用术语

ActionScript是一种编程语言，因此，先弄懂一些计算机编程常用术语，对学习ActionScript3.0会很有帮助。

1. 变量

变量是一个名称，表示一个特定的值。当项目使用ActionScript语句来处理某个操作值时，计算机在查看和处理程序时通过写入变量名来代替值。即将某个影片剪辑元件、按钮元件或文本字段放置在舞台上时，可以通过属性面板为它指定一个实例名称。Flash Professional在后台创建与实例同名的变量。例如，假设舞台上有一个按钮元件，并为其指定了实例名称"PlayButton"，此时若在ActionScript代码中

使用变量"PlayButton"，实际上就是在编辑该图形元件。

2. 数据类型

在ActionScript中，可以将很多数据类型作为创建变量的数据类型。具体如下。

（1）String：文本值，例如，一个名称或某篇文章的文字。

（2）Numeric：ActionScript 3.0 所包含的三种特定数据类型。

◇ Number：任何数值，包括有小数部分或没有小数部分的值；

◇ Int：不带小数的整数；

◇ Uint："无符号"的整数，即不包含负数。

（3）Boolean：一个true或false值，例如开关是否开启或关闭。

（4）MovieClip：影片剪辑元件。

（5）TextField：动态文本字段或输入文本字段。

（6）SimpleButton：按钮元件。

（7）Date：有关日期和时间的信息。

3. 关键词

关键词是用于完成特定任务的保留字，且不能用作变量名称。在Animate动作面板中输入ActionScript代码时，关键词将会变成不同的颜色。

4. 参数

参数是为某个指令提供一些特定的信息，出现于代码的圆括号之内。如代码"gotoAndPlay（10）"，此处参数"10"即用于指导动画脚本跳转至第10帧。

5. 函数

函数是指可以传递参数并反复使用的代码块，使用函数可以多次运行相同的语句集，而不必重复地输入。

6. 对象

在Animate中可以使用"对象"来完成一些任务，每个对象都有自己的名称，它们是属性和方法的集合，如内置对象"Sound"可以用于设置声音属性。

7. 方法

方法是指在ActionScript3.0中指示对象执行某些任务，产生真正行为的特殊语句，且每一类对象对应的方法不同，如影片剪辑对象关联的方法主要是"stop"和"play"。

二、常用代码片段介绍

（一）动作面板介绍

新建ActionScript3.0空白文档，在菜单栏点击"窗口"→"动作"命令（快捷键【F9】），或在时间轴面板上选中一个关键帧，然后在"属性"面板的右上角点击ActionScript按钮即可打开"动作"面板。如图5-27所示。

图5-27 打开"动作"面板按钮

"动作"面板不仅为ActionScript提供了一个输入代码的窗口，还为用户提供了编写、编辑和浏览代码的功能。"动作"面板分成两部分，左侧为文档所有脚本的导航目录，用于查找代码所在的帧和实例元件名称；右侧为脚本输入的窗口，用于输入代码。面板底部显示了当前所选代码的行数（包括鼠标所在行位置和总行数），面板右上角为"固定脚本""插入实例路径和名称""代码片段""设置代码格式""查找"和"帮助"按钮。如图5-28所示。

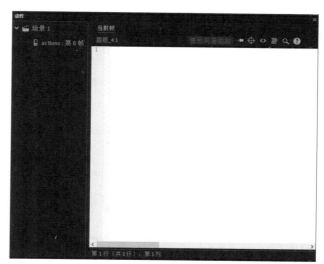

图5-28 "动作"面板

友情提示

在 ActionScript 中，编写动作脚本使用的英文不区分大小写，关键字除外；函数和变量名称的首字母大写，且变量名称与内置脚本对象名称不可相同。

点击动作面板上的单书名号按钮 ，打开"代码片段"按钮。如图 5-29 所示。

图 5-29 代码片段

ActionScript 3.0 把一些常用的代码用模板的形式集合，方便设计师调用，以便轻松地为项目添加交互功能。例如时间轴导航的代码，创建按钮或影片剪辑元件后双击"代码片段"→"ActionScript"→"时间轴导航"→"单击以转到帧并播放"，代码片段会自动在动作面板创建一系列与点击的项目有关的代码，用户可在动作面板中修正代码中的一些关键参数。如图 5-30 所示。

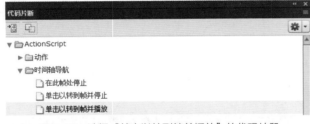

图 5-30 选择"单击以转到帧并播放"的代码片段

动作面板编辑区域的符号"//"后用于输入某一行脚本的注释内容；可在符号"/*"和"*/"之间输入多行注释内容。

"But"为该按钮实例名称，后面跟一个点".", "addEventListener（）"为实际的命令。

"（MouseEvent.CLICK，fl_ClickToGoToAndPlayFromFrame）"此句代码用于指定鼠标事件触发时的命令。

"function fl_ClickToGoToAndPlayFromFrame（event：MouseEvent）：void"此句代码为响应事件而执行的动作。

"gotoAndPlay（5）"中"（）"中的数字为可修改参数。如图 5-31 所示。

图 5-31 "单击以转到帧并播放"代码片段

此时，时间轴面板会自动生成一个"Actions"代码图层，用于单独存放定义的代码，方便用户编辑与修改。如图 5-32 所示。

图 5-32 "Actions"代码图层

（二）常用代码片段的使用

1. 添加停止代码

停止动作是 Animate 动画中最常用的代码之一，通过为影片添加"stop"命令来暂停动画的播放。添加停止代码的方法有两种。

方法一：通过"动作"面板中的"代码片段"按钮，选择"时间轴导航"下的"在此帧处停止"命令。如图 5-33 所示。

图 5-33 选择"在此帧处停止"的代码片段

在需要停止的帧上双击代码片段，会自动生成代码和"Actions"图层。如图 5-34 所示。

方法二：在图层顶部插入一个新的图层，命名为"actions"，在第 8 帧位置插入空白关键帧，按【F9】打开"动作"面板，直接在代码编辑区域输入"stop（）；"。如图 5-35 所示。

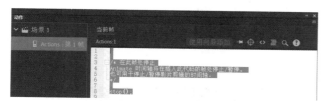

图5-34 "在此帧处停止"代码片段

图5-35 手动输入代码

友情提示

在"动作"面板输入脚本时应在英文状态下，并且添加分号结束。

添加动作命令的第8帧上面出现了一个小写的"a"，即表示添加动作命令成功。如图5-36所示。

图5-36 时间轴面板添加代码状态

在该案例中，如图5-37所示，添加了动作命令的动画将止于第8帧，若想继续播放动画，需继续为动画创建按钮，添加播放命令。

图5-37 案例效果（作者：张雨晨）

2. 为按钮添加播放代码

播放是Animate动画中最常用的代码之一，通过为影片添加"gotoAndPlay（ ）"命令来设置动画的播放命令。继续为上面的案例添加播放命令，具体操作如下。

（1）在"actions"图层下方新建"button"图层，于第8帧插入空白关键帧。用"矩形工具"和"文字工具"绘制一个按钮，并转换为按钮元件"palybutton"。参数设置和效果如图5-38~图5-41所示。

图5-38 字体参数设置

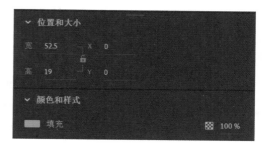

图5-39 按钮矩形参数设置

图5-40 转换为元件

图5-41 按钮效果

（2）选中按钮元件，按【F9】打开"动作"面板，点击"代码片段"按钮→"时间轴导航"→"单击以转到帧并播放"。如图5-42所示。

（3）双击"单击以转到帧并播放"代码，并在代码"gotoAndPlay（5）"中将"5"修改为"9"。如图5-43所示。

图5-42　为按钮添加动作命令

图5-43　修改代码片段

此时，点击"Play"按钮将继续播放动画。

（4）双击进入按钮编辑区，按钮是由"弹起""指针经过""按下""点击"四帧所组成的特殊元件。用户可以在四帧处插入影片剪辑或图形元件以增加按钮的动态效果。在此案例中我们将"指针经过"帧按【F6】插入关键帧，如图5-44所示。修改按钮背景颜色的透明度"Alpha"为"100%"。如图5-45所示。

图5-44　指针经过

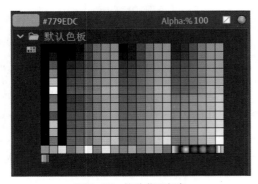

图5-45　修改背景颜色

（5）修改文字颜色为黄色，鼠标经过按钮时背景颜色将变鲜明，文字颜色变为黄色。如图5-46、图5-47所示。

图5-46　修改文字颜色

图5-47　"指针经过"效果

3. 使用标签创建分段播放动画

通过Animate的ActionScript命令可以指导时间轴前往相应的帧，但如果编辑调整时间轴，ActionScript命令中的代码序号将与实际不匹配。所以，可以通过使用帧标签的方式避免这个问题的发生，就不需要通过帧序列号来引导目标动画。在编辑调整时间轴时，帧标签将跟随对应的关键帧。

具体方法只需在关键帧的属性编辑器中，如在标签名称一栏输入相应文字"label1"，双击"单击以转到帧并播放"命令，在代码编辑区"gotoAndPlay（ ）"中，括号中的帧序列将以标签"label1"代替。如图5-48所示。

图5-48　创建"标签"

通过ActionScri命令及标签的使用可以达到分段播放动画的目的，下面打开预先做好的动画"分段显示.fla"文件，为其添加动作代码，具体如下。

（1）打开"分段显示.fla"文件，观察时间轴面板，思路分析如图5-49所示。

该动画共分成三段，第一段为自动播放，至第

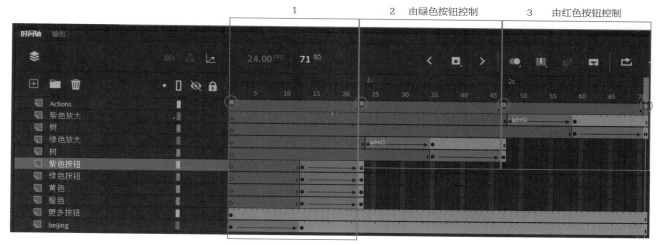

图5-49 分段效果与思路分析

23帧添加"stop"命令；第二段为绿色按钮所控制播放部分，第三段为紫色按钮所控制播放部分，"更多按钮"用于返回至第1帧命令。

（2）在最上层新建"Actions"图层，在第23帧处插入空白关键帧【F7】，按【F9】打开"动作"面板，为其添加"stop（）；"命令。如图5-50所示。

图5-50 添加"stop（）；"命令

用同样方法，在第47帧和第71帧处添加"stop（）；"命令。如图5-51所示。

（3）打开"绿色放大"图层第24帧的"属性"面板，在标签名称中输入"label1"；打开"紫色放大"图层第48帧的"属性"面板，在标签名称中输入"label2"。如图5-52所示。

（4）选择"绿色按钮"元件，按【F9】打开"动作"面板，点击"代码片段"按钮，在弹出的"代码片段"面板中双击"单击以转到帧并播放"命令，将"gotoAndPlay（5）"命令中的固定序号换成相应的帧标签。如图5-53所示。

用同样方法，为"紫色按钮"添加"gotoAndPlay（"label2"）"命令。如图5-54所示。

（5）回到第1帧，选中"更多按钮"，打开"动作"面板，为其添加"gotoAndPlay（1）"命令。如图5-55所示。

友情提示

在此案例中的"更多按钮"只设置了按钮的"点击"范围，类似于网页中的热点；它是一层透明薄膜，只在文件中显示，预览动画时该薄膜会被隐藏。如图5-56所示。

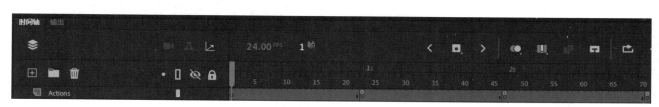

图5-51 在相应位置添加"stop（）；"命令

图5-52 创建帧标签

图5-53 为"绿色按钮"添加代码

```
button_3.addEventListener(MouseEvent.CLICK, f1_ClickToGoToAndPlayFromFrame_7);
function f1_ClickToGoToAndPlayFromFrame_7(event:MouseEvent):void
{
    gotoAndPlay("label2");
}
```

图5-54 为"紫色按钮"添加代码

图5-55 设置第1帧按钮代码

图5-56 "更多按钮"设置

三、交互动画案例：石头剪刀布

1. 案例知识点

通过案例掌握运用ActionScript 3.0创建"在此帧处停止"命令、"单击以转到帧并播放"等命令的基本设置，掌握运用帧标签创建分段播放动画的基本操作，通过案例练习理解ActionScript3.0的基本操作及常用代码片段的使用方法。

本案例思路解析如图5-57所示。

"石头剪刀布"案例
视频教学

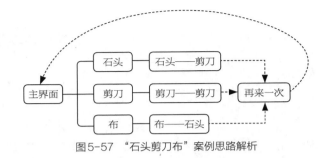

图5-57 "石头剪刀布"案例思路解析

2. 案例操作步骤

（1）主界面的绘制。

①新建空白文档，文档类型为ActionScript 3.0，宽高为"1100×800"像素，并在文档"属性"面板修改舞台颜色为"#FF9900"。如图5-58、图5-59所示。

图5-58 新建文档

图5-59 文档设置

②导入提前绘制好的"石头""剪刀""布"AI文件至舞台，并将其分别转换为图形元件。如图5-60~图5-62所示。

③新建"石头按钮"图层，使用"矩形工具"和"文本工具"绘制"石头按钮"元件。双击进入"石头按钮"元件，"文字"图层置于上层，字体采

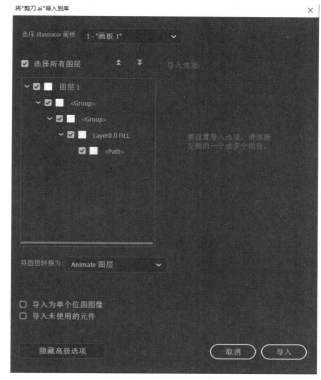

图5-60 导入图形元件

图5-61 转换为元件

图5-62 创建"剪刀""石头""布"元件

用"新宋体"、大小为"90"像素;"底色"图层弹起为"70%"透明度、玫红色"#FF3366";指针经过为放大效果、颜色为玫红100%,鼠标按下为蓝色"#6699FF"。具体如图5-63、图5-64所示。

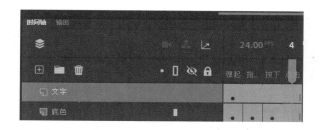

图5-63 "石头按钮"设置

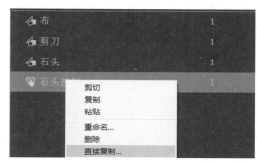

图5-64 "石头按钮"效果

④在"库"面板中,选中"石头"按钮元件,单击右键,在弹出的菜单中选择"直接复制"命令,在弹出的"直接复制元件"面板中修改名称为"剪刀按钮",并拖至舞台。如图5-65、图5-66所示。

图5-65 直接复制"石头按钮"

图5-66 修改复制元件的名称

双击进入"剪刀按钮"元件,修改文字为"剪刀"。如图5-67所示。

图5-67 "剪刀按钮"元件效果

用同样的方法，制作"布按钮"元件。调整三个元件在舞台中的位置，并新建"字"图层，在舞台中间位置输入"猜拳"二字。如图5-68、图5-69所示。

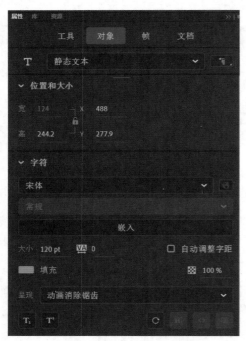

图5-68　文字属性设置

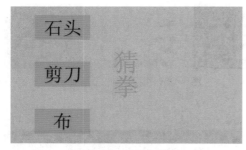

图5-69　效果布局图

⑤新建"循环"图层，菜单栏选择"插入"→"新建元件"，打开"新建元件"面板，创建"循环猜拳"影片剪辑元件。如图5-70所示。

⑥双击进入"循环猜拳"影片剪辑元件编辑区，

图5-70　新建"循环猜拳"影片剪辑元件

分别在第1、6、11帧插入空白关键帧，并延长至15帧，并将"石头""剪刀""布"图形元件拖至舞台；拖入时在"信息"面板调整元件为右下角对齐，X、Y值均为"0"。如图5-71、图5-72所示。

图5-71　"循环猜拳"时间设置

图5-72　调整注册点位置

将"循环猜拳"影片剪辑元件拖至舞台合适位置，并调整大小。如图5-73所示。

图5-73　初步效果图

（2）分段动画。

①在"库"面板中选择"循环猜拳"，单击右键选择"直接复制"命令，在弹出的"直接复制元件"面板中修改名称为"石头剪刀"；并在时间轴面板新建"石头对战剪刀"图层，在第2帧插入空白关键帧，并将"石头剪刀"影片剪辑元件拖至舞台。如图5-74所示。

图5-74　"石头剪刀"影片剪辑元件

②双击进入"石头剪刀"影片剪辑元件，复制第 6 ~ 10 帧的"剪刀"动作至第 16 ~ 20 帧；复制"图层_1"，选中时间轴面板中的"编辑多个帧" 按钮，复制"图层-1"的所有帧。如图 5-75 所示。

图 5-75　复制"图层_1"

③将"图层_1"锁定，框选舞台中"图层_1_复制"的所有图形。如图 5-76 所示。

图 5-76　框选"图层_1_复制"图层的所有帧

④打开"变形"面板，点击左下角的"水平翻转所选内容" 按钮。如图 5-77 所示。

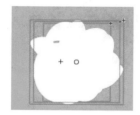

图 5-77　水平翻转所选内容

⑤将翻转过的图形拖至舞台合适位置，并复制第 1 ~ 5 帧的"石头"动作至第 16 ~ 20 帧。在第 20 帧处添加"在此帧处停止"动作命令或手动输入"stop（）;"命令。如图 5-78、图 5-79 所示。

⑥选中"石头剪刀"影片剪辑元件，单击右键选择"直接复制"，命名为"剪刀剪刀"。如图 5-80 所示。

图 5-78　添加停止命令

图 5-79　时间设置

图 5-80　"剪刀剪刀"影片剪辑元件

⑦双击进入"剪刀剪刀"影片剪辑元件，复制"图层_1_复制"的第 6 ~ 10 帧粘贴至第 16 ~ 20 帧。

⑧新建"剪刀对战剪刀"图层，在第 3 帧插入空白关键帧，将"剪刀剪刀"影片剪辑元件拖至舞台。

⑨用同样方法，复制"布石头"影片剪辑元件，并将其拖至舞台。

⑩延长"石头对战剪刀""剪刀对战剪刀"和"布对战石头"图层至相应帧数。如图 5-81 所示。

⑪单击菜单栏选择"插入"→"新建元件"，创建"再来一次"按钮元件。如图 5-82 所示。

⑫双击进入"再来一次"按钮元件绘制按钮，如图 5-83、图 5-84 所示。

⑬新建"再来一次按钮"图层于"石头对战剪刀"的下方，在第 21 帧插入空白关键帧，并将"再来一次按钮"元件拖至舞台，延长至第 63 帧。如图 5-85 所示。

（3）添加代码片段。

①新建"Actions"图层，在第 1、21、42、63 帧分别添加停止命令。按【F9】打开动作面板，单击"代码片段"→"ActionScript"→"时间轴导航"→"在此帧处停止"。如图 5-86、图 5-87 所示。

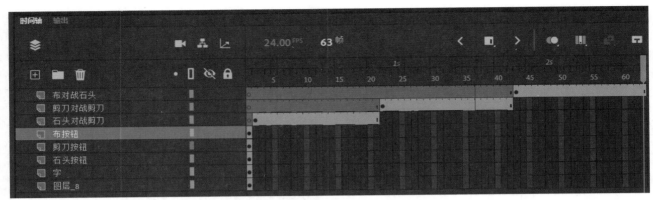

图5-81 图层关系与时间设置

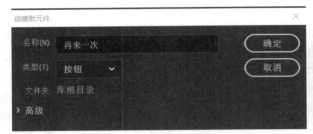

图5-82 "再来一次"按钮元件

图5-83 "再来一次"按钮元件时间轴面板

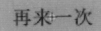

图5-84 "再来一次"按钮效果

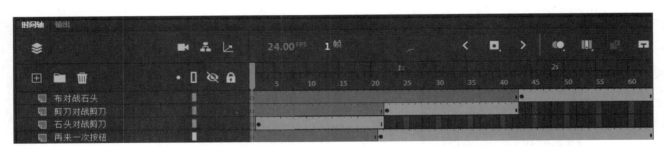

图5-85 图层关系

```
/* 在此帧处停止
Animate 时间轴将在插入此代码的帧处停止/暂停。
也可用于停止/暂停影片剪辑的时间轴。
*/

stop();
```

图5-86 添加停止命令

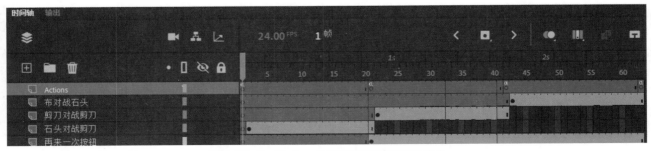

图5-87 为"Actions"图层对应帧添加停止命令

②在第1帧为"石头按钮""剪刀按钮""布按钮"添加动作命令。

点击选中"石头按钮"，按【F9】打开动作面板，单击"代码片段"→"ActionScript"→"时间轴导航"→"单击以转到帧并播放"→"gotoAndPlay（5）;"中的"5"修改为"2"。如图5-88所示。

```
button_1.addEventListener(MouseEvent.CLICK, fl_ClickToGoToAndPlayFromFrame);
function fl_ClickToGoToAndPlayFromFrame(event:MouseEvent):void
{
    gotoAndPlay(2);
}
```

图5-88　添加"单击以转到帧并播放"命令

点击选中"剪刀按钮"，按【F9】打开动作面板，单击"代码片段"→"ActionScript"→"时间轴导航"→"单击以转到帧并播放"→"gotoAndPlay（5）;"中的"5"修改为"22"。如图5-89所示。

```
button_3.addEventListener(MouseEvent.CLICK, fl_ClickToGoToAndPlayFromFrame_3);
function fl_ClickToGoToAndPlayFromFrame_3(event:MouseEvent):void
{
    gotoAndPlay(22);
}
```

图5-89　修改"剪刀按钮"代码片段

点击选中"布按钮"，按【F9】打开动作面板，单击"代码片段"→"ActionScript"→"时间轴导航"→"单击以转到帧并播放"→"gotoAndPlay（5）;"中的"5"修改为"43"。如图5-90所示。

```
button_4.addEventListener(MouseEvent.CLICK, fl_ClickToGoToAndPlayFromFrame_5);
function fl_ClickToGoToAndPlayFromFrame_5(event:MouseEvent):void
{
    gotoAndPlay(43);
}
```

图5-90　修改"布按钮"代码片段

③分别在第21、42、63帧处为"再来一次按钮"添加动作命令，具体如下：

点击选中"再来一次按钮"，按【F9】打开动作面板，单击"代码片段"→"ActionScript"→"时间轴导航"→"单击以转到帧并播放"→"gotoAndPlay（5）;"中的"5"修改为"1"。如图5-91所示。

```
button_2.addEventListener(MouseEvent.CLICK, fl_ClickToGoToAndPlayFromFrame_4);
function fl_ClickToGoToAndPlayFromFrame_4(event:MouseEvent):void
{
    gotoAndPlay(1);
}
```

图5-91　修改"再来一次按钮"代码片段

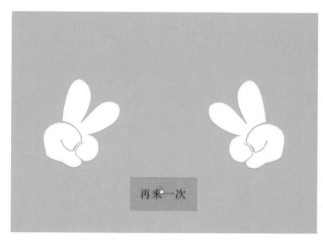

图5-92　最终效果（作者：张浩楠）

3. 案例总结

通过本案例的分析熟悉了ActionScript3.0常用代码片段"stop"与"gotoAndPlay"的使用，掌握了分段动画、按钮元件、影片剪辑元件的创建与直接复制功能的使用，明确了制作思路在动画创作中的重要性。

◎ 内容结构

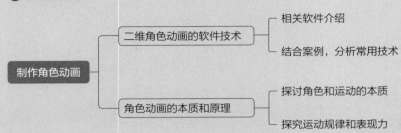

◎ 学习目标

了解制作角色动画可能遇到的技术问题和供参考的解决方案，在实践中发展出适合自身特点的制作方法和解决问题的策略。

探讨角色动画的本质和动画创作心理，特别是动画师与动画角色的关系，探讨制作角色动画的艺术活动和致力于发现真相的心灵之间的关系，在实践中探究发现运动规律和提高表现力的方法。

本小节涉及的案例：动画短片、动态表情包。

一、二维角色动画的软件技术

（一）相关软件介绍

二维角色动画制作的常用软件除了 Animate（简称 An），还有 TVpaint Animation、OpenToonz 等，它们可以独立使用，也经常会搭配 Pr、AE 等后期软件使用。Animate 的优势在于元件和补间动画的综合应用，可以大大提高动画制作的效率，也适用于制作动态故事板。TVpaint Animation 通常简称为 TVpaint，主要用于制作位图动画，软件可提供多种数字模拟的传统画笔和纹理纸，适用于用数码手绘制作逐帧动画，也适用于将传统带定位孔的动画纸扫描进电脑后上色。OpenToonz 是 Toonz 的开源版，后者是吉卜力工作室根据其动画制作流程和需要开发的动画制作软件。Pr是 Premiere 的简称，一般用于剪辑。AE 是 After Effects 的简称，一般用于合成和制作特效动画，近年来在 MG（Motron Graphic，动态图形）动画领域非常活跃。此外，PS 的时间轴功能、手机或平板电脑上的一些 app 也能用来制作简单的角色动画。

（二）结合案例，分析常用技术

1. 造型技术

以 An 为主要制作软件的造型技术可分为两种，一是直接在 An 中绘制角色，制作动画。比如《脚腕扭到的少女走路》（图 5-93）是在纸面绘制草图后，导入 An 软件作为参考，然后绘制角色的例子。它也是一个有趣的练习。当时在课堂上，同学们应我的要求，挂着拐杖体验走路的感觉——当时我恰好膝盖受伤，他们已经看我挂拐在教室里走进走出好几节课了，所以我把拐杖当作一个很棒的道具，要求他们每个人都要趁机感受一下，而且要拍一段视频。我的目的是让同学们在陌生的走路情境中，体会身体是如何在动态中找到平衡、随即打破这种平衡向前迈步、再次平衡、不平衡……身体的各个部分（以及拐杖）如何协调运作，身体重心如何移动等。关于走的动画练习中，我没有硬性要求以这次体验为素材，但是从这位同学的练习中能看出她受到了启发。在描绘少女走路时，她通过其左右脚迈步的大小不同，来表现她左脚腕受伤的状态。走得比较稳当，没有出现"滑步"（初学走路时容易犯的错误，意思是落地的脚突然跳到了另外一个位置，或者在循环走路时人明明是向前走却出现倒退的现象）。

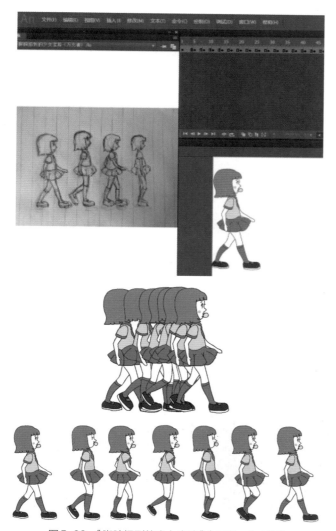

图5-93　《脚腕扭到的少女走路》（作者：方文澜）

二是在其他软件中制作角色图像后，导入An当中直接使用或创建元件后使用。从笔触效果来看，图5-94的这个动态表情很可能是在Ps或SAI当中绘制的，然后将图像导入An制作逐帧动画。

图5-94　动态表情包作业（作者：张俊）

上：导入的位图；中：从序列图可看出每张位图的时长；
下：原画

这样的动态表情也可以直接在Ps当中完成，原理同样是在时间轴上制作逐帧动画，最后导出动态的gif图像。Ps的时间轴和An的不太一样，某一帧可以单独设定其时长，含义是该画面一直停格，直到设定的时长结束才会切换到下一帧。图5-95的这个动态表情就是在Ps软件中制作的。

2. 动态技术

逐帧动画是由动画师绘制每一帧的图像，相同帧采用绘制一帧然后停格的技术。中间画也是由动画师绘制的，没有计算机自动插值补间。《萝卜和兔子》（图5-96）和上面三个例子一样，都是逐帧动画。动画师充分发挥了逐帧动画的优势，细腻地表现出角色生动的情态变化。

元件补间动画是利用元件的嵌套关系和补间技术来制作动画，特别适合制作带有循环性质的动作。比如《小喵guys》（图5-97）的一个动态表情是"晕了"，角色边后退，身体各部分边动，每个部分的动

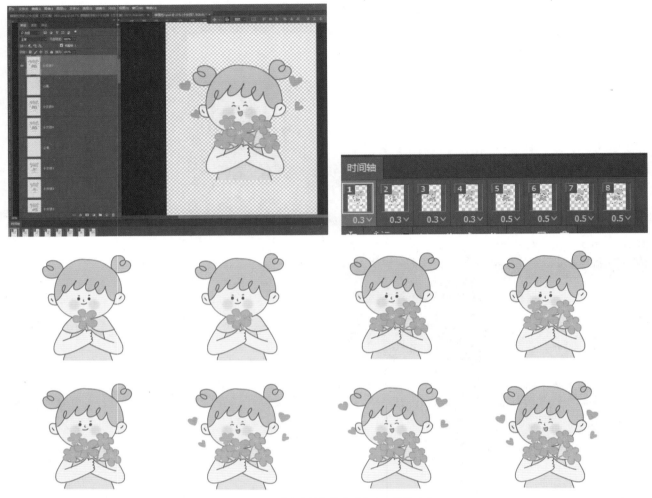

图5-95 动态表情包作业（作者：陈姝宇）

图5-96 《萝卜与兔子》（作者：程铁男、付康）

左上：逐帧动画的时间轴和舞台；右上：时间轴特写；下：连续动作的部分原画

图5-98 《白雪贝蒂》（导演：Dave Fleischer）

3. 协同技术

使用 An 软件可以独立地制作动画短片，比如《少女的梦》（图5-99）在清新可爱的粉色气氛和天真烂漫的音乐中，描绘出一个温和、爱幻想同时又有点幽默的少女形象。

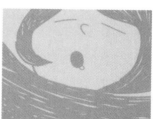

图5-99 《少女的梦》（作者：王瑞楠、陈姝宇）

不同软件常常有各自的侧重和优势，在制作动画影片时，动画师常常会发展出自己的一套工作流，其中软件的协同工作也是很重要的组成部分。上文谈及的《小喵 guys》主要用到了四个软件，分别是 An、Au（Audition 音频编辑软件的简称）、Pr 和 AE。很可能还用到了转格式的软件，用于将 An 中导出的视频格式（一般是 mov 或 avi）转为 mp4 格式（图5-100）。

小喵 guys.fla　　AN 导出.mp4　　glitch 音频已提取.wav
cut.prproj　　start&end.aep　　小喵 guys.mp4

图5-100 《小喵 guys》主要过程文件（作者：朱世煜）

这个例子也可以在 An 中导出 PNG 序列，接着以"图像序列"的方式导入 Pr 中进行后期编辑，这样就不需要转格式了，有利于保持原有的画质。

图5-97 《小喵 guys》（作者：朱世煜）

上：舞台；左中：主场景；右中：角色元件；
左下：手臂元件；右下：头部元件

作都是循环的。动画师将角色设计成一个大元件，里面嵌套着多个子元件，比如手臂、头部、躯干，等等。

骨骼绑定技术应用也很广泛，比如 MG 动画。将来同学们如果学习三维动画的课程，也会涉及这一技术。

使用转描技术，可以使影片具有逼真的效果，如果和动画擅长幻想的特点结合，就可以造出既幻又真的特殊效果。比如《白雪贝蒂》（图5-98）中小丑可可的歌舞段落转描自当时一位知名爵士舞者的表演，同时加上了动画师的灵感。小丑被女巫变成了一个幽灵，仍继续歌舞，还能给自己倒酒喝！

二、角色动画的本质和原理

（一）探讨角色和运动的本质

我们看到的绝大多数动画是都以角色为中心的，塑造角色形象、使其带有思想感情地在舞台上行动成为动画师最主要的工作。为什么动画师热衷于塑造角色？为什么观众着迷于角色？你认为生活中也存在扮演某种角色的情况吗？

动画的影像看上去是连续的，这种连续的运动是真实存在的吗？生活看上去也是连续的，昨天、今天、明天，过去、现在、未来，这种时间运动也是一种真实存在吗？

观看《混乱达菲鸭》《雇佣人生》《坠落的艺术》等影片（图5-101~图5-103），谈谈你对角色和运动的看法。

图5-101　《混乱达菲鸭》（导演：Chuck Jones）

图5-102　《雇佣人生》（导演：Santiago Grasso）

图5-103　《坠落的艺术》（导演：Tomek Baginski）

（二）探究运动规律和表现力

我们对运动的兴趣有多大？如果是想让角色规规矩矩地动起来，或者以某种我们在银幕上熟悉的方式重演动作——不管是迪士尼的、二次元的还是上美影厂的，要做的工作尽管琐碎，但还是相对容易的。因为不管以上哪一种，都有很多供参考的运动规律图留下来，照着临摹就可以了。经典的动画教材《动画师生存手册》（理查德·威廉姆斯著）也提供了很多范例，同学们还可以看看书配套的DVD，里面对于动作和时间的掌握有很多细致深入的讲解（图5-104）。

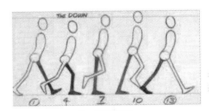

一步12帧的原画

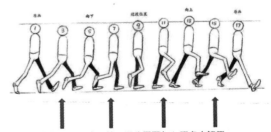

节奏变慢了，一步16帧。因此需要加入更多中间画（绿色箭头标识）。注意身体的左右晃动和腰线的透视。

图5-104　走路运动规律

自然现象和动物的运动规律经常是套用得比较多的。以鸟的飞翔为例，不同翅膀类型、不同体型大小的鸟飞翔时运动规律不同，通常分为阔翼类和雀类。《庄子·逍遥游》中描述鹏鸟飞时"其翼若垂天之云""抟扶摇而上",鸠鸟飞则是"抢榆枋,时则不至,而控于地而已矣"。鹏鸟显然是阔翼鸟,翅膀大,能乘风而起、翱翔于天地之间,鸠鸟体型小、翅膀小,飞行高度有限,可能还没飞上小树就掉到地上了,大约可归为雀类。阔翼鸟扇一下翅膀就飞出去很远,而雀鸟扇翅膀的频率就要高得多了。阔翼鸟身体起伏大,雀鸟起伏小,两类鸟的翅膀轨迹都是弧线的,阔翼鸟的更明显,雀鸟有时只画上下两张原画,在加动画时要注意遵循弧线的规律。扇翅膀通常是循环动作。如图5-105~图5-107所示。

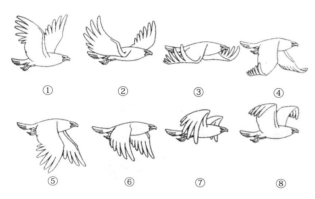

图5-105 阔翼鸟扇翅飞行的原画设计

图5-106 阔翼鸟翅膀的
运动轨迹是弧线的

图5-107 雀鸟扇翅飞行的
原画设计

角色运动的魅力来自何处?迪士尼十二黄金法则是必修课吗?艺术表现力的源头是什么?

观看《鹬》《头山》《大圣归来》等影片,谈谈你对运动规律和表现力的看法。

图5-108 《鹬》
(导演: Alan Barillaro)

图5-109 《头山》
(导演: 山村浩二)

图5-110 《大圣归来》
(导演: 田晓鹏)

本章习题

1. 根据所学知识,制作简单的骨骼动画。

2. 利用所学知识,设计简单的交互小游戏或交互动画。

3. 围绕"角色""时间""运动规律""表现力"这些话题,展开动画练习。

5

第六章

多媒体对象
与发布设置

6

—

学时

4学时（讲课4学时）

基本要求

掌握 Animate CC 2020 中音视频的导入与编辑，了解软件所支持的音频常规格式与类型；掌握 Animate CC 2020 软件中各种动画类型文件的测试与发布设置；掌握运用 Adobe After Effect 进行动画效果处理的基本设置，掌握利用 Adobe Media Encoder 进行动画渲染的基本操作。

重　点

掌握 Animate CC 2020 软件中各种动画类型文件的测试与发布设置。

难　点

跨软件协同工作，运用 Adobe After Effect 等进行动画效果的基本设置。

教学内容

1. 多媒体对象的应用
2. 发布设置
3. 跨软件协同工作案例

第一节　多媒体对象的应用

内容结构

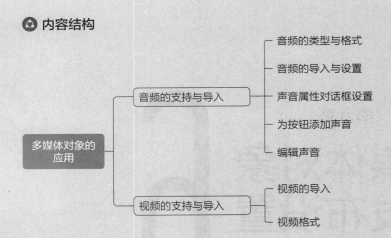

多媒体对象的应用
- 音频的支持与导入
  - 音频的类型与格式
  - 音频的导入与设置
  - 声音属性对话框设置
  - 为按钮添加声音
  - 编辑声音
- 视频的支持与导入
  - 视频的导入
  - 视频格式

学习目标

了解和掌握多媒体对象在Animate CC 2020软件中的运用，掌握音视频的导入及声音属性对话框的设置，了解软件所支持的音视频格式与类型，进行简单的音视频导入与编辑。

一、音频的支持与导入

（一）音频的类型与格式

声音是动画的重要组成部分，通过添加声音元素可以提高动画短片的视听表现力和感染力。Adobe Animate为用户提供了多种声音的使用方式：既可以独立于时间轴连续播放，又可以使用时间轴将动画与音轨保持同步，或为按钮添加音频增强互动性，或通过添加淡入淡出效果使声音更加婉转。

1. Animate的两种声音类型

Animate的两种声音类型为事件声音和流声音（音频流）。

事件声音必须将动画完全下载后才能开始播放，如果没有停止命令，它将一直持续播放，此类声音常用于设置按钮的音效或某些短暂的音效。

音频流在前几帧下载了足够的数据后就开始播放；音频流要与时间轴同步以便在网站上播放，此类声音常用于背景音乐的设置。

2. Animate支持的音频文件格式

Adobe声音（.asnd）这是Adobe Soundbooth本身的声音格式。

WAV（.wav）是Windows的数字音频标准，支持立体声和单声道，它直接保存声音格式，声音质量较好，体积大。

AIFF（.aif，.aifc）是Mac机上最常用的声音输入的数字音频格式，支持立体声和单声道。

MP3是常用的音频文件格式，音质较好，体积小、传输方便。

Sound Designer II（.sd2）是一种支持单声道和立体声的音频文件格式。

Sun AU（.au，.snd）是一种简单的PCM文件，被广泛应用于Sun Solaris操作系统。

FLAC（.flac）是 Free Lossless Audio Codec 的缩写，是无损音频压缩编码，不破坏任何原有的音频资讯，可以还原音乐光盘音质。

Ogg Vorbis（.ogg，.oga）是一个自由且开放标准的容器格式，用于流媒体和数字多媒体的处理。

友情提示

WebGL 和 HTML5 Canvas 文档类型仅支持 MP3 和 WAV 格式。

（二）音频的导入与设置

1. 音频导入方式

方法一：在菜单栏选择"文件"→"导入"→"导入到舞台"，此方法将音频文件导入至舞台中，音频将被放到 Animate 文档的当前图层的当前帧上。如图 6-1 所示。

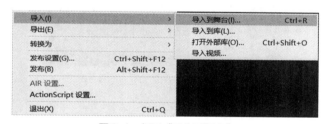

图 6-1 打开"导入到舞台"

方法二：将音频文件直接拖至舞台即可将音频插入至时间轴，拖放多个音频文件时，只能导入一个音频文件，因为一个帧只能包含一个音频。

方法三：在菜单栏选择"文件"→"导入"→"导入到库"，此方法将音频文件导入至 Animate 文档的"库"面板中，而不会将其放于时间轴中。如图 6-2 所示。

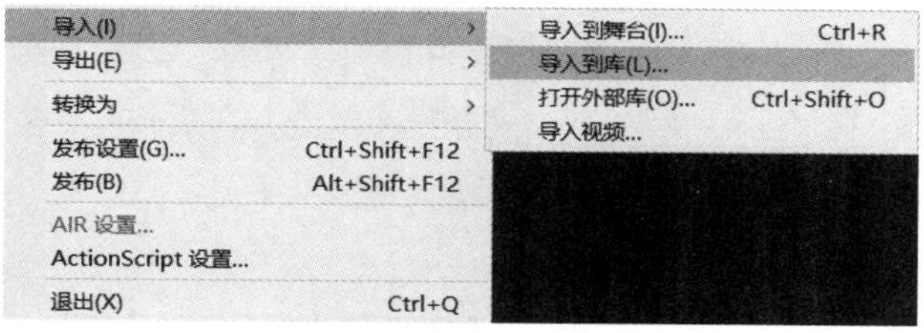

图 6-2 打开"导入到库"

在时间轴面板上，选择需要添加音频文件的帧。然后选择"窗口"→"属性"→单击"帧"面板，单击"声音"选项的箭头，在"名称"下拉框中选择需要添加的音频文件即可。如图 6-3 所示。

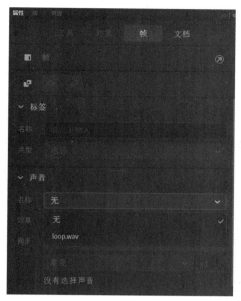

图 6-3 "帧"的属性面板

2. "声音"选项参数具体如下。

（1）"名称"：用于选择导入一个或多个音频文件。

（2）"效果"：用于设置音频的播放效果，如图 6-4 所示。下拉菜单包含：

① "无"：删除之前的应用效果或不对音频文件设置效果。

② "左声道" / "右声道"：只在左声道或右声道中播放音频。

③ "向右淡出" / "向左淡出"：音频将从一个声道切换到另一个声道。

图 6-4 音频效果

④ "淡入"：音量随着音频的播放逐渐增加。

⑤ "淡出"：音量随着音频的播放逐渐减小。

⑥ "自定义"：允许用户使用"编辑封套"创建自定义的音频淡入点和淡出点。

（3）"同步"：在弹出菜单中可以设置音频与动画的同步效果。如图6-5所示。

① "事件"：音频将与一个事件的发生过程同步。即当事件开始播放，音频即刻播放，并且将完整播放。同时，SWF文件停止播放时也会继续播放。若再次点击播放SWF文件，音频将与之前未播完的声音混合在一起，因为它们可能发生重叠，导致意外的音频效果，所以建议先将音频进行编辑以符合动画时间的播放长度。

② "开始"：与"事件"选项的功能相近，区别在于如果已经有音频在播放，则新声音不会重叠播放。

③ "停止"：使指定的音频文件静音。

④ "数据流"：音频与动画同步，以便在网站上播放。与"事件"声音不同，"数据流"随着SWF文件的停止而停止。而且，数据流的播放时间绝对不会比帧的播放时间长。当发布SWF文件时，音频流混合在一起。在WebGL和HTML5 Canvas文档类型中不支持数据流的设置。

"重复"指定音频文件循环的次数，或者选择"循环"以连续重复播放音频。

图6-5 音频同步方式

若要测试声音，请在包含音频的帧上拖动播放头，或使用"控制器"，或点击菜单栏中"控制"命令。

若要删除音频文件，可以选中音频所在的时间轴图层，点击包含此音频的帧，在"帧"属性面板中展开"声音"选项，从"名称"菜单中选择"无"。Animate将从时间轴图层上删除此音频文件。

如果想在Animate文档之间共享音频文件，则可以把音频存放于共享库中。可以创建新的空白关键帧，为每个关键帧添加同一个音频文件；也可以为按钮的每一个关键帧应用不同的音频效果。

（三）声音属性对话框设置

在"库"面板中，选中相应的音频文件单击右键可以打开"声音属性"对话框。对话框中的"名称"用于显示当前音频文件的名称，用户可以在文本框中重新输入名称。如图6-6、图6-7所示。

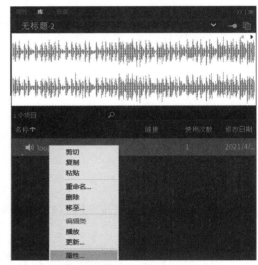

图6-6 右键单击"库"面板中的音频文件

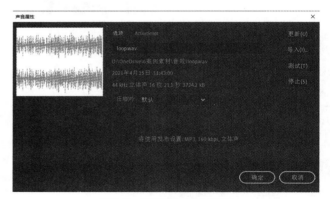

图6-7 "声音属性"对话框

Animate为压缩音频文件提供了四种方式。音频文件的压缩比例越高，采样频率越低，音质较差，生成的Animate文件越小；反之亦然。

1. ADPCM

用于8位或16位声音数据的压缩方式，一般用于时间较短的"事件"声音导出，如图6-8所示，选择该压缩方式后弹出参数设置如下。

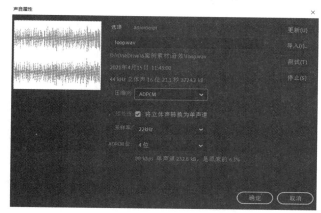

图6-8　ADPCM压缩参数

（1）"预处理"：勾选"将立体声转换为单声道"复选框，可转换混合立体声为单声道。

（2）"采样率"：用于控制音频文件的保真度及文件大小，采样频率越低、文件越小、品质越低；反之亦然。5kHz为语言片段的最低标准，11kHz为音乐短片的最低品质，22kHz用于Web回放的采样频率，44kHz为标准CD常用的采样频率。

（3）"ADPCM位"：数值越小、压缩比越高、音频文件越小、音效越差。

2. MP3

以MP3格式压缩格式导出声音，一般用于时间较长的音频流导出，如图6-9所示，选择该压缩方式后弹出参数设置如下。

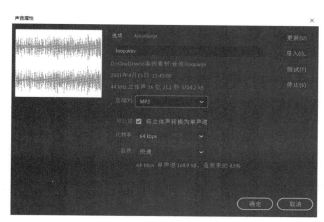

图6-9　MP3压缩参数

（1）"预处理"：勾选"将立体声转换为单声道"复选框，可转换混合立体声为单声道；且只有在

16Kbps或更高比特率时才可用。

（2）"比特率"：用于设置音频文件每秒钟播放的位数，决定生成文件的最大比特率，系统提供了8Kbps到160Kbps比特率，参数越高，声音效果越好。

（3）"品质"：用于设置压缩速度和音频的品质，下拉选项中有"快速""中""最佳"三个选项。"快速"选项压缩速度快、声音品质相对较低；"中"选项压缩速度慢、声音品质相对较高；"最佳"选项压缩速度最慢，声音品质最佳。

3. Raw

使用该压缩方式，导出的音频不进行任何压缩，如图6-10所示，选项对话框中的"预处理"和"采样率"参数设置与前面一致。

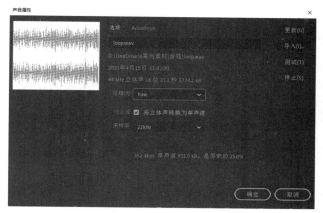

图6-10　Raw压缩参数

4. 语音

使用该压缩方式，导出的音频以合适语音的参数进行压缩，如图6-11所示，选项对话框中的"预处理"和"采样率"参数设置与前面一致。

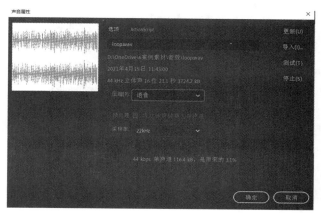

图6-11　语音压缩参数

（四）为按钮添加声音

可以为按钮元件的不同状态添加不同的音频效果，以丰富按钮的动态效果，增强交互体验。

"为按钮添加声音"
案例视频教学

（1）打开新建好的"按钮"文件；双击进入声音元件，新建一个图层，在对应要向其中添加声音的按钮状态下方创建空白关键帧。

（2）单击"插入"→"时间轴"→"关键帧"或"插入"→"时间轴"→"空白关键帧"。例如，要添加一段鼠标经过按钮时播放的声音，可以在标记为"指针经过"的帧下方创建关键帧。如图6-12所示。

图6-12 在"指针经过"帧下方创建关键帧

（3）单击"文件"→"导入"→"导入到库"，将音频文件导入至Animate文档的"库"面板中。

（4）单击已创建的关键帧，按【Ctrl+F3】（Win）/【Command+F3】（Mac）或选择"窗口"→"属性"，打开"帧""属性"面板；单击"声音"选项，在"名称"下拉菜单中选择相应的音频文件。在"同步"下拉菜单中选择"事件"。如图6-13所示。

图6-13 选择音频文件

（五）编辑声音

在Adobe Animate CC 2020中，用户可以设置音频的起始点，控制音频播放或停止的位置，还可以控制播放时音频的音量，这对于删除音频文件的无用部分来说很方便。

（1）点选包含音频文件的帧，按【Ctrl+F3】（Win）或【Command+F3】（Mac）快捷键打开"帧"属性面板。

（2）在"声音"选项区，点击"编辑声音封套" 按钮，打开"编辑封套"面板。面板的上下两个显示框分别代表左声道和右声道。面板中的"效果"下拉菜单选项与"声音"选项区一致，选择任意效果，即可在下面的两个显示框显示该音频效果的封套线。如图6-14所示。

图6-14 "编辑封套"下的声音效果选项

（3）可以拖动"编辑封套"中的"开始时间"和"停止时间"控件，调整声音的起始点和结束点位置，更改音频播放长度。如图6-15所示。

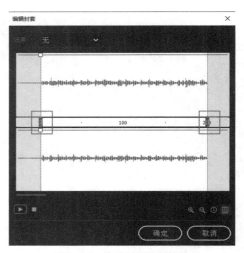

图6-15 拖动时间控制控件

（4）显示框中的封套线用于显示音频播放时的音量，可以拖动封套手柄来改变音频中不同点处的播放音量。在封套线上单击即可创建其他封套手柄，共可创建8个封套手柄。选中封套手柄将其拖出"封套编辑"面板外即可删除不想要的封套手柄。如图6-16所示。

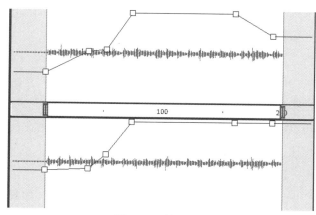

图6-16　封套手柄

单击面板中的"放大"或"缩小"按钮可改变窗口中显示音频的多少。单击面板中的"秒"和"帧"按钮可切换时间单位。单击"播放"和"停止"按钮可测试编辑后的音频文件。

二、视频的支持与导入

用户可以通过不同方法在Animate中使用视频。

从Web服务器渐进式下载：这是在Animate中最常见的使用视频方法。此方法将视频文件独立于Animate文件和生成的SWF文件，保持较小的文件大小。

使用Adobe Media Server流式加载视频：此方法也可以让视频文件独立于Animate文件。Adobe Media Server不仅为用户提供了流畅的流播放体验，还提供视频内容的安全保护。

直接在Animate文件中导入视频数据：此方法生成的Animate文件略大，建议只用于小视频剪辑。

（一）视频的导入

在Adobe Animate CC 2020文档中可以嵌入持续时间较短的外部小视频，丰富作品内容。

通过"文件"→"导入"→"导入视频"命令，将视频文件导入Animate文档中。Animate提供了三种不同的视频导入方案，每种方案提供了不同的级别配置，用户可以自行修改以满足特定需求。

"导入视频"对话框提供了以下选项，如图6-17所示。

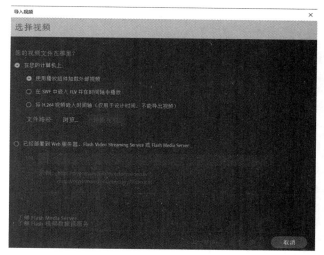

图6-17　"导入视频"对话框

1. 使用播放组件加载外部视频

选择该选项在导入视频文件时将创建播放组件的实例以控制视频播放，同时若将Animate文档作为SWF发布并将其上传到Web服务器时，用户须将视频文件上传到Web服务器或Adobe Media Server，并按照已上传视频文件的位置配置播放组件。

2. 在SWF中嵌入FLV并在时间轴中播放

该选项是针对FLV格式的视频文件导入方式，以该方式嵌入的FLV视频文件会成为Animate文档的一部分，在时间轴中可以看到各个视频帧的位置。

友情提示

嵌入视频可能会引起音视频不同步的现象，且视频内容直接嵌入Animate文件中会增加发布文件的大小，因此仅适合于较小的视频文件。

3. 将H.264视频嵌入时间轴

使用该选项导入视频时，一般用于设计阶段制作动画的参考。导入时可修改嵌入视频的"符号类型",包括嵌入的视频、影片剪辑、图形三种类型。同时,用户可以根据需要勾选"将实例放置在舞台上""如果需要,可扩展时间轴""包括音频""匹配文档FPS"等复选框。导入的视频将放置于舞台上,用户拖拽或播放时间轴时,视频中的帧将同步播放。

(二)视频格式

若要将视频导入Animate中,必须是FLV或F4V(H.264)格式编码的视频。FLV格式全称Flash Video,FLV视频文件体积小、占用的CPU资源较低;同时它是一种流媒体格式文件,用户可以边下载边观看,速度较快;Animate可以对FLV文件进行品质设置、裁剪视频大小、音频编码等操作。F4V(H.264)视频格式能提供更高的比特率品质,成为近年来广泛使用的视频格式。如果不是FLV或F4V(H.264)格式,则可以使用Adobe Media Encoder以适当的格式对视频进行编码。

使用Adobe Media Encoder对视频进行编码时,可以从以下三种不同的视频编解码器中选择一种,用来对Animate中使用的视频内容进行编码。

1. H. 264

使用此编解码器的F4V视频格式提供的品质比特率较高,Flash Player从9.0.r115版本开始引入对H.264视频编解码器的支持。但F4V不支持带Alpha通道的视频复合。

2. On2 VP6

Flash Player 8或更高版本中使用FLV文件的首选视频编解码器。支持使用8位Alpha通道来复合视频。与以相同数据速率进行编码的Sorenson Spark编解码器相比,使用On2 VP6编码的视频品质更高。

3. Sorenson Spark

此编解码器是在Flash Player 6中引入的,如果用户打算发布与Flash Player 6和7保持向后兼容的Animate文档,则可以使用它。

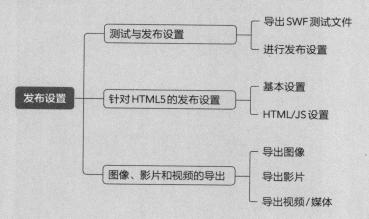

第二节　发布设置

🞤 内容结构

- 发布设置
  - 测试与发布设置
    - 导出SWF测试文件
    - 进行发布设置
  - 针对HTML5的发布设置
    - 基本设置
    - HTML/JS设置
  - 图像、影片和视频的导出
    - 导出图像
    - 导出影片
    - 导出视频/媒体

🞤 学习目标

　　了解和掌握Animate CC 2020软件中动画文件的测试与发布设置，掌握针对HTML5的发布设置，掌握各种类型的文件导出设置，如图像格式的导出、序列图像的导出、视频格式的导出。

一、测试与发布设置

（一）导出SWF测试文件

　　选择"控制"→"调试"命令（快捷键【Ctrl+Enter】）可以测试整个动画影片，Animate将自动导出当前动画，弹出SWF动画播放窗口。如图6-18所示。

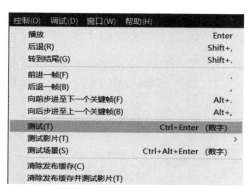

图6-18　选择"测试"命令

　　Animate CC 2020新增了快速分享至社交媒体的功能，只需单击右上角的"分享"  按钮即可在社交媒体上分享动画。如图6-19所示。

图6-19　社交平台发布动画

（二）进行发布设置

　　Animate CC 2020为用户提供了快速将动画发布为视频、GIF和HTML5 Canvas格式的选项。单击右上角的"分享"选项，然后选择"发布"。如需更改发布选项，可以单击"文件"→"发布设置"，打开"发布设置"对话框。如图6-20所示。

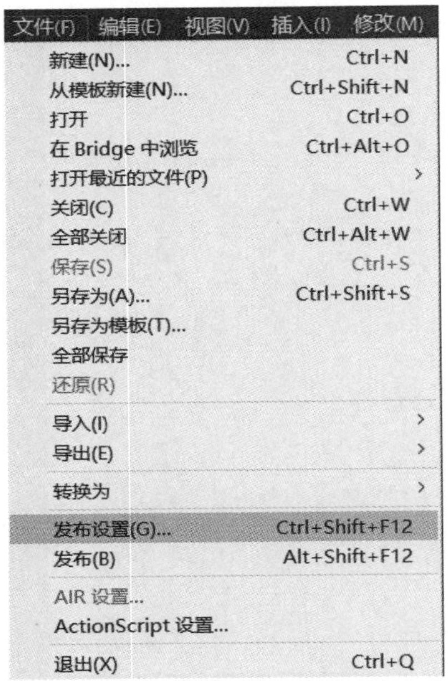

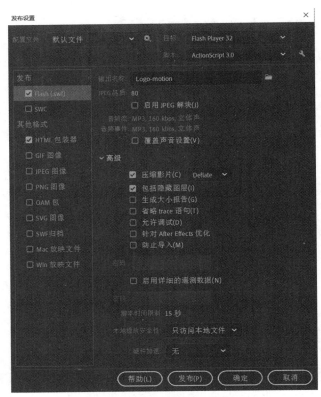

图6-20 打开"发布设置"对话框

在"发布设置"对话框中提供了多种发布格式，选项参数会随着所选发布格式而变化。在默认情况下，"Flash（.swf）"和"HTML包装器"复选框是选中状态，因为在浏览器中预览SWF文件，需要相应的HTML文件支持。从Animate CC 2020版本开始，Animate引入一种新的发布格式"SWF归档"，它可将不同的图层作为独立的SWF进行打包，然后再导入Adobe After Effects进行编辑输出。完成发布设置后，单击"确定"按钮可保存当前设置但不进行发布；单击"发布"按钮（快捷键【Shift+F12】）可将动画文件发布到源文件存储路径。如图6-21所示。

1. Flash（.swf）发布设置

Flash（.swf）格式是默认发布设置，其主要参数如下。

（1）"输出名称"：用于选择Flash动画的输出版本，高版本输出的动画在没有安装高版本插件的电脑不能被正确播放。

（2）"JPGE品质"：用于控制位图图像的压缩，图像品质越低，生成的文件越小；反之亦然。勾选"启用JPEG解决"，可使高度压缩的图像更加平滑。

（3）"音频流"和"音频事件"：可以为动画文件中的音频流、音频事件设置采样率、压缩比特率及品质，具体参数可查看音频章节内容介绍。

图6-21 "发布设置"对话框

（4）"高级"选项包括一组复选框：

① "压缩影片"（默认选中）：用于压缩动画文件，减小文件大小、缩短下载时间。软件提供了两种压缩模式，如图6-22所示。"Deflate"是较老的压缩模式，与Flash Player 6.x和更高版本兼容。"LZMA"模式比"Deflate"模式压缩效率高40%，且只与Flash Player 11.x及更高版本或AIR 3.x及更高版本兼容。

图6-22 两种压缩模式

② "包括隐藏图层"：勾选此项时将导出Animate文档中所有隐藏的图层，包括嵌套在影片剪辑内的图层。用户通过此选项可设置输出文档图层的可见性，更方便地测试Animate文档。

③ "允许调试"：勾选此项后将允许在Animate文档的外部跟踪动画文件。

④ "防止导入"：勾选此项后可防止生成的动画文件被其他人非法导入到新的动画文件中继续编辑；

同时对话框中的"密码"文本框将被激活，用于设置导入此动画文件时的密码。

2. HTML发布设置

HTML格式是默认发布设置，选中"HTML包装器"复选框，即可打开该选项卡，主要参数如图6-23所示。

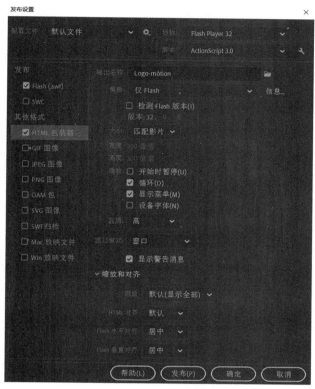

图6-23 "HTML包装器"对话框

（1）"输出名称"：用于修改输出的名称和发布路径。

（2）"模板"：用于选择一个已安装的模板，系统提供了7个可供选择的模板，如图6-24所示，单击"信息"按钮，可查看所选模板的说明信息。

图6-24 模板类型

"检测Flash版本"：用于检测当前动画文件所需要的最低的Flash版本。

（3）"大小"下拉列表框：用于设置动画文件的宽度和高度，系统提供了三个选项，如图6-25所示。"匹配影片"选项为默认值，浏览器的尺寸与动画影片一样大；"像素"允许在宽和高的文本框中输入像素值；"百分比"允许在宽和高的文本框中输入数值，设置浏览器与影片尺寸的大小百分比。

图6-25 设置动画文件的"大小"选项

（4）"播放"选项区：可以设置动画的播放、循环及字体等。"开始时暂停"复选框默认为未勾选状态，若勾选，访问者只有通过单击电影中的按钮才可启动播放；"循环"复选框默认为勾选状态，动画电影在播放完成后将从头开始播放；"显示菜单"复选框默认为勾选状态，用户在浏览器中可单击右键查看快捷菜单；"设备字体"复选框默认为未勾选状态，勾选该复选框将替换用户系统中未安装的系统字体。

（5）"品质"：可在处理时间与应用消除锯齿功能之间选择一个平衡点，系统提供了"低""自动降低""自动升高""中""高""最佳"等7个选项。

（6）"窗口模式"：下拉列表框中提供了"窗口""不透明无窗口""透明无窗口"和"直接"4个选项，如图6-26所示。"窗口"可在网页上的矩形窗口以最快速度播放动画；"不透明无窗口"选项可以移动Flash动画影片的元素；"透明无窗口"选项将显示该影片所在HTML页面的背景。

图6-26 "窗口模式"选项　　图6-27 "缩放"选项

（7）"缩放和对齐"选项包含"缩放""HTML对齐""Flash水平对齐"和"Flash垂直对齐"4个下拉列表框。

① "缩放"：包含"默认（显示全部）""无边框""精确匹配""无缩放"4个选项。如图6-27所示。

② "HTML对齐"：通过下拉列表框中的参数可设置Flash动画影片在浏览器中的位置。"默认"选项可以使影片处于浏览器窗口的中间位置，"左""右""顶部"和"底部"分别使动画影片与浏览器窗口的相应边缘对齐。

③ "Flash水平对齐"和"Flash垂直对齐"：下拉列表框可以设置动画影片与放置影片窗口的对齐方式。

3. GIF图像发布设置

选中"GIF图像"复选框，即可打开该选项卡，如图6-28所示，主要参数如下。

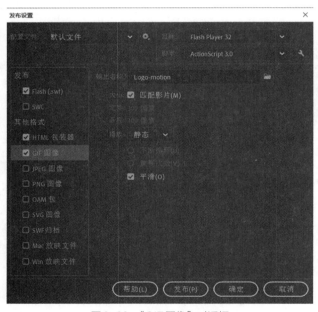

图6-28 "GIF图像"对话框

（1）"输出名称"：用于修改输出的名称和发布路径。

（2）"大小"选项区：用于设置输出动画的图像大小，"匹配影片"复选框默认勾选，与舞台大小一致，"宽度"和"高度"可自定义GIF图像的大小。

（3）"播放"选项区：用于控制输出动画的播放效果。选择"静态"导出的动画为静止的图像；选择"动画"可以导出连续播放的GIF动画；选中"动画"

时，可以选择子单选按钮"不断循环"或"重复次数"设置GIF动画连续播放的方式。

（4）"平滑"复选框：默认为勾选状态，可以减少图像输出的锯齿，提高画面质量。

4. JPEG图像发布设置

选中"JPEG图像"复选框，即可打开该选项卡，如图6-29所示，主要参数如下。

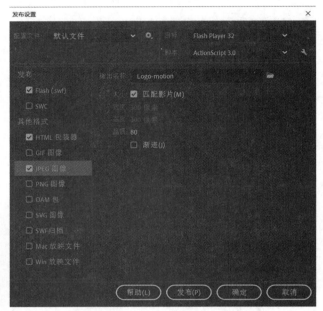

图6-29 "JPEG图像"对话框

（1）"输出名称"：用于修改输出的名称和发布路径。

（2）"大小"选项区：用于设置输出图像大小，"匹配影片"复选框为默认勾选，与舞台大小一致，"宽度"和"高度"可自定义JPGE图像的大小。

（3）"品质"：用于设置导出JPEG图像的压缩值，数值越大、质量越高、文件体积也越大。

（4）"渐进"复选框：勾选此复选框可使JPEG下载时逐渐清晰地显示在舞台上。

5. PNG图像发布设置

选中"PNG图像"复选框，即可打开该选项卡，如图6-30所示，主要参数如下。

（1）"输出名称"：用于修改输出的名称和发布路径。

（2）"大小"选项区：用于设置输出图像大小，"匹配影片"复选框为默认勾选，与舞台大小一致，

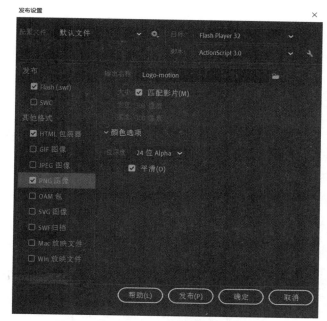

图6-30 "PNG图像"对话框

图6-31 "OAM包"对话框

"宽度"和"高度"可自定义PNG图像的大小。

（3）"颜色选项"："位深度"下拉列表框可设置创建图像时的位素，图像位素决定图像中的颜色数，"8位"选项对应256色，"24位"选项对应数千种颜色，"24位Alpha"选项对应数千种带透明度的颜色。

（4）"平滑"复选框，默认为勾选状态，可以减少图像输出的锯齿，提高画面质量。

6. OAM包发布设置

OAM是一种带动画小组件的文件，Animate输出的OAM文件可以导入Dreamweaver、Muse和In Design中进行编辑。用户可以将Action Script、WebGL或HTML5 Canvas文件中的内容导出为OAM格式。

选中"OAM包"复选框，即可打开该选项卡，如图6-31所示，主要参数如下。

（1）"输出名称"：用于修改输出的名称和发布路径。

（2）"海报图像"选项区：选择"从当前帧生成（PNG）"单选按钮，勾选"透明"复选框可生成带透明通道的PNG图像；选择"使用此文件"单选按钮，可以通过选择路径从另一个文件生成OAM包。

7. SVG图像发布设置

SVG是可伸缩的矢量图形，是用于描述二维图像的一种XML标记语言，可以使用CSS来设置SVG的样式。相比GIF、JPEG及PNG，SVG文件体积小、图像品质高，是常用的Web图像格式。

利用SVG文件格式还可以实现Animate与Illustrator的协同工作，首先从Animate中导出SVG文件，然后在Illustrator中导入编辑图稿，完成编辑后将SVG文件另存为".ai"文件可再次导入Animate中。

选中"SVG图像"复选框，即可打开该选项卡，如图6-32所示，主要参数如下。

（1）"输出名称"：用于修改输出的名称和发布路径。

（2）"包括隐藏图层"复选框：默认为勾选状态，表示勾选此项时将导出Animate文档中所有被隐藏的图层，包括嵌套在影片剪辑内的图层。用户通过此选项可设置输出文档图层的可见性，方便测试Animate文档。

（3）"嵌入"和"链接"单选按钮："嵌入"指可在SVG文件中嵌入位图；"链接"按钮可以提供外部位图文件链接路径。

（4）"针对Character Animator优化"：从Animate 19.1版本开始增强了SVG合成功能，勾选此复选框将增强导入Character Animator中的SVG文件质量。

8. Mac/Win放映文件发布设置

Animate允许用户针对Windows和MAC操作系

图6-32 "SVG图像"对话框

统发布放映文件，它是同时包括发布的SWF文件和Flash Player文件的动画文件。导出时，会生成为".exe"（Windows）和".app"（Mac）文件，无需Web浏览器、Flash Player插件即可进行播放。

二、针对HTML5的发布设置

HTML5 Canvas是Animate中新增的一种文档类型，可以使用JavaScript来创建丰富的交互性。

将动画发布到HTML5的设置如图6-33所示。

（一）基本设置

（1）"输出名称"：可修改输出的名称和路径，点击文本框后的文件夹按钮即可更改发布目标所在位置。

（2）"循环时间轴"：默认为勾选状态，表示输出动画将循环播放；若未选中，则在动画播放至时间轴结尾时停止。

（3）"包括隐藏图层"：默认为勾选状态，表示所有被隐藏的图层都将被输出。

（4）"舞台居中"：用户可设置舞台"水平居中""垂直居中"或"同时居中"；勾选此复选框时，输出的动画将显示在浏览器的中间。

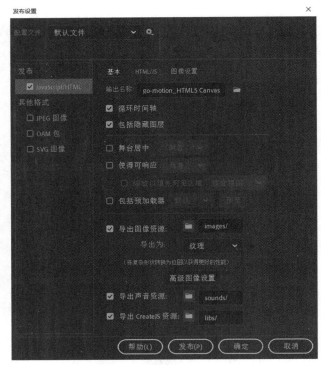

图6-33 HTML5发布设置

（5）"使得可响应"：用户可选择"高度""宽度"或"两者"的变化自动响应，输出的内容将根据不同的比例自动调整大小。"缩放以填充可见区域"默认情况下为未勾选状态，且从属于"使得可响应"复选框。用于设置在全屏模式下输出动画的显示方式，包括："适合视图"将整个屏幕空间按宽高比输出动画；"拉伸以适合"动画将被拉伸，且输出中不带边框。

（6）"包括预加载器"：预加载器是在加载脚本和资源时以动画GIF格式显示的一个可视指示符。默认情况下，此选项为未选中状态。勾选此选项将允许用户使用默认的预加载器或是自行选择预加载器。且资源加载之后，预加载器将被隐藏，只显示真正的动画。

（7）"导出图像资源"：默认为勾选状态，将图像资源导出到输出文件夹的所在位置。"导出为"提供了"纹理""Sprite表"和"图像资源"三种模式。如图6-34所示。

图6-34 导出模式选项

①"纹理"：选择该选项将复杂形状转换为位图以获得更好的性能；点击"高级图像设置"按钮可切换至"图像设置"对话框，设置导出图像的品质、分辨率和大小。

②"Sprite 表"：选择该选项可将所有图像资源合并到一个 Sprite 表中，点击"高级图像设置"按钮可切换至"图像设置"对话框，设置导出图像的格式、品质、大小和背景颜色。

③"图像资源"：选择该选项将按原样发布导入的图像，点击"高级图像设置"按钮可切换至"图像设置"对话框，可勾选"优化图像尺寸"复选框。

（8）"导出声音资源"：用于存放和引用声音资源文件夹的所在位置。

（9）"导出 Create JS 资源"：用于存放和引用 Create JS 库资源文件夹的所在位置。

（二）HTML/JS 设置

HTML/JS 设置如图 6-35 所示。

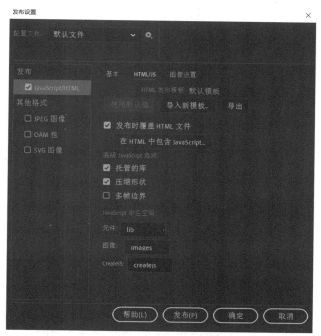

图6-35 HTML/JS 设置

（1）"使用默认值"：使用默认模板发布 HTML5 输出；"导入新模板"：为 HTML5 文档导入一个新模板；"导出"：将 HTML5 文档导出为模板。

（2）"发布时覆盖 HTML 文件"和"在 HTML 中包含 JavaScript"：默认为勾选状态，表示发布时将覆盖 HTML 文件，并在 HTML 中包含 JavaScript。若不选中"发布时覆盖 HTML 文件"复选框，则"在 HTML 中包含 JavaScript"为禁用状态。

（3）"高级 JavaScript 选项"：

①"托管的库"：默认为勾选状态，将使用在 CreateJS CDN（code.createjs.com）上托管库的副本，这有助于对库进行缓存并实现共享。

②"压缩形状"：默认为勾选状态，将以精简格式输出可读的详细说明，用于学习目的。

③"多帧边界"：默认为未勾选状态，若勾选则表示时间轴元件包括一个 frameBounds 属性，该属性包含一个对应于每个帧的边界的 Rectangle 数组，会大幅增加发布时间。

> **友情提示**
>
> 可在"文件"→"转换为"选择"HTML5 Canvas"，将"ActionScri3.0"转换为"HTML5 Canvas"文档类型。

三、图像、影片和视频的导出

（一）导出图像

Animate 可以导出静态图像或动态图像，静态图像的格式有 JPGE、PNG、GIF，动态图像格式有 GIF。

1. JPEG 图像导出

选择"文件"→"导出"→"导出图像"命令，打开"导出图像"对话框，如图 6-36 所示。在保存类型下拉框中选择"JPEG"选项，点击"品质"可设置图像输出的品质，"图像大小"可以设置输出图像的宽高像素值。设置完可单击"保存"按钮。如图 6-37 所示。

图6-36 打开"导出图像"命令

图6-37 "JPEG"图像导出设置

2. PNG图像导出

选择"文件"→"导出"→"导出图像"命令，打开"导出图像"对话框，在保存类型下拉框中选择"PNG-8"或"PNG-24"选项。"PNG-8"是指8位索引色位图，生成的图像较小，只支持完全透明的图像；"PNG-24"是指24位索引色位图，生成的图像较小，既支持完全透明的图像，也支持半透明（Apha通道）的图像。如图6-38所示。

（1）"PNG-8"提供了多种减低颜色深度的算法，具体如图6-39所示。

①"可感知"：创建人眼比较敏感的颜色为优先权来自定颜色表。

②"可选择"：与"可感知"颜色表类似，创建符合图像最大色彩完整性的颜色表。

③"随样性"：通过从图像的主要色谱中提取样色来创建自定颜色表。

④"受限（Web）"：该调板也称Web安全调板，使用Windows和Mac OS 8位（256色）调板通用的标准色表，不会对颜色应用浏览器仿色，但会创建较大的文件，因此，只有需要避免浏览器仿色作为优先考虑因素时，才建议使用该选项。

⑤"自定"：用户可自定义创建或修改的调色

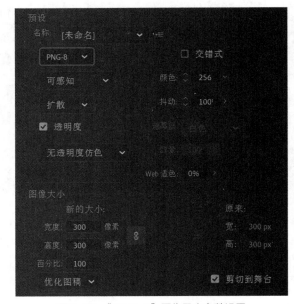

图6-38 "PNG-8"图像导出参数设置

板。使用"存储为Web和设备所用格式"对话框中的"颜色表"调板可自定颜色查找表。

⑥ "Black&White"（黑白）、"Grayscale"（灰度）、"Mac OS"和"Windows"使用一组调色板。

（2）仿色方法："仿色"是指模拟计算机显示系统中未提供的颜色的方法。仿色百分比越高，图像中出现的颜色和细节越多，但同时文件也越大。当图像的颜色主要是纯色时，一般不应用仿色也能正常显示；若包含连续色调（如渐变）的图像，则需要使用仿色。

如图6-40所示，具体有以下几种仿色方法。

① "扩散"：应用于不太明显的随机图案，仿色效果在相邻像素间扩散。

② "图案"：使用类似半调的方形图案模拟颜色表中没有的色彩。

③ "杂色"：应用于与"扩散"仿色方法相似的随机图案，但不在相邻像素间扩散图案。

图6-39　减低颜色深度算法　　图6-40　仿色方法

友情提示

在图片颜色过多而产生失真的情况下建议选择仿色，一般选择扩散仿色，适当调节仿色的百分比就可达到最佳的效果。

勾选"透明度"复选框，可设置无透明度仿色、扩散透明度仿色、图案透明度仿色和杂色透明度仿色。

"图像大小"选项用于设置导出图像的宽度和高度，也可以调整百分比进行缩放。

（3）"PNG-24"设置："PNG-24"相关设置，如图6-41所示。

图6-41　"PNG-24"图像导出参数设置

① "透明度"复选框：默认为选中状态，表示带有透明度图层。

② "交错式"复选框：默认为未选中状态，在下载完整图像文件时浏览器会显示图像的低分辨率版本。

③ "图像大小"选项：用于设置导出图像的宽度和高度，也可以调整百分比进行缩放。

3. GIF图像与GIF动画导出

（1）GIF图像导出：选择"文件"→"导出"→"导出图像"命令，打开"导出图像"对话框，在保存类型下拉框中选择"GIF"选项，如图6-42所示。选项面板中的减低颜色深度算法、颜色、仿色方法、抖动作用与PNG-8图像设置一样，具体可参考上文的描述。

① "有损"：为图像的压缩程度，影响图像的画质，数值越大、画质越低。

② "交错式"复选框：默认为未选中状态，勾选时表示在下载完整图像文件时浏览器会显示图像的低分辨率版本。

（2）GIF动画导出：以上导出是针对静态GIF图像的导出，若要导出GIF动画，可选择"文件"→"导出"→"导出动画GIF"命令，打开"导出图像"对话框，选项设置与静态GIF一致，此时导出的则为GIF动画图像。如图6-43所示。

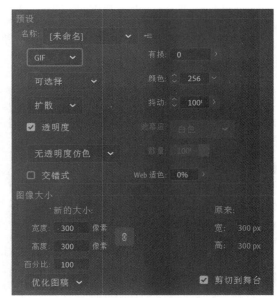

图6-42 "GIF"图像导出参数设置

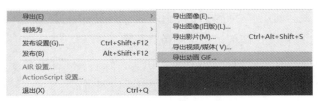

图6-43 打开"导出动画GIF"命令

例如将绘制好的表情导出为GIF动画，可选择"文件"→"导出"→"导出动画GIF"命令，打开"导出图像"对话框。如图6-44设置完成后点击"保存"即可弹出保存路径对话框，可修改相应的路径和名称。

（二）导出影片

点击"文件"→"导出"→"导出影片"，打开"导出影片"对话框，如图6-45所示。在"保存

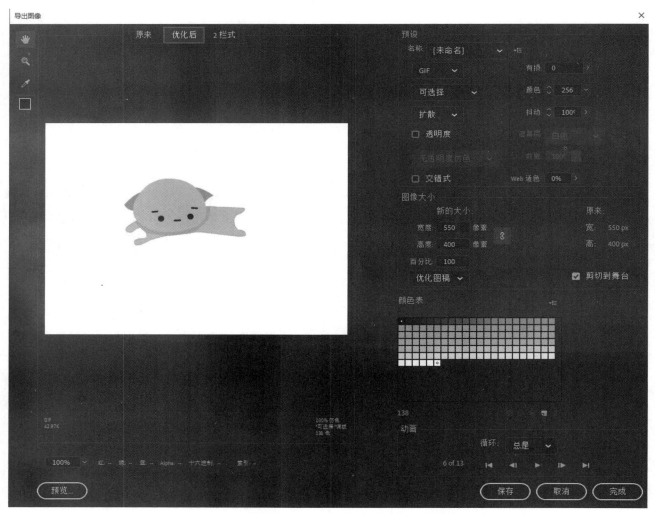

图6-44 导出GIF图像对话框

类型"下拉框中可选择保存的文件类型，系统提供了"SWF影片""JPEG序列""GIF序列""PNG序列""SVG序列"五种文件格式可供选择。如图6-46所示。

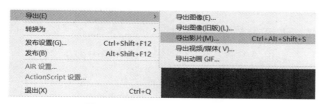

图6-45　打开"导出影片"命令

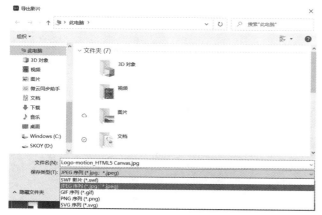

图6-46　导出影片的类型

1. SWF影片

SWF影片为最常见的动画测试文件，支持导入到其他应用程序中（例如Dreamweaver）。

用户可以将整个动画文件导出为图片序列，再导入进其他应用程序中进行编辑（例如After Effect或Premiere）；也可以将库或舞台上的单个影片剪辑、按钮或图形元件导出为一系列图像文件。在导出过程中，Animate会为每个帧创建一个单独的图像文件。

2. JPEG序列

选中"JPEG序列"会打开"导出JPEG"对话框，如图6-47所示。可以设置导出图像的宽度、高度、分辨率、品质；"渐进式显示"复选框默认为未勾选状态，若勾选可以让用户在图片未完全下载时就可以看到最终图像的轮廓，一定程度上可以提升用户体验。

3. GIF序列

选中"GIF序列"会打开"导出GIF"对话框，

可以设置导出图像的宽度、高度、分辨率、颜色。如图6-48所示。

（1）"透明"复选框：默认为未勾选状态，导出带透明背景的图像时必须勾选此项。

（2）"交错"复选框：默认为未勾选状态，它是一种特殊的存储方式，即下载图像时先下载低分辨率版本，显示图像的草图，当全部下载后再填充细节。

（3）"平滑"复选框：默认为勾选状态，它可以让图像过渡更加自然平滑。

"抖动纯色"复选框：默认为未勾选状态，表示GIF不会使用离散像素点进行拼色。

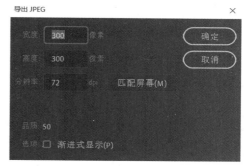

图6-47　"导出JPGE"对话框

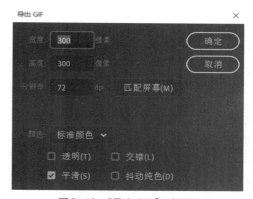

图6-48　"导出GIF"对话框

4. PNG序列

选中"PNG序列"会打开"导出PNG"对话框，可以设置导出图像的宽度、高度、分辨率、颜色、背景、平滑等选项。如图6-49所示。

（1）"分辨率"：默认值为"72dpi"。

（2）"颜色"：图像输出的位深度，默认为"32位"，此时图像背景是透明的；当"颜色"选项设置为"8位"或"24位"时，背景选项将变为默认的舞

图6-49 "导出PNG"对话框

台设置,也可在下拉框中选择"不透明",从颜色选择器中为背景设置颜色。

(3)"平滑":默认为勾选状态,表示为输出的图像边缘应用平滑处理。

5. SVG序列

选中"SVG序列"会打开"导出SVG"对话框,如图6-50所示。可以设置导出文件包含的隐藏图层、图像位置的"嵌入"或"链接"、"针对Character Animator优化"等选项,具体可参考SVG发布设置。

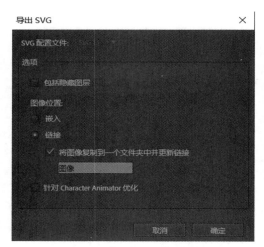

图6-50 "导出SVG"对话框

(三)导出视频/媒体

默认情况下,Animate只能导出到Quick Time电影(.mov)文件,且导出前要求用户安装最新版本的Quick Time Player播放器。而且使用Quick Time的MOV导出工作流容易出错并且占用计算机内存。在Animate CC 2020中增强了视频导出功

能,可以与Adobe Media Encoder无缝集成,前提是用户安装了7.0及以上版本的Adobe Media Encoder软件。

安装了Adobe Media Encoder软件的Animate用户可以选择AME支持的任何视频格式及其预设,设置完成后即可在AME中自动排队甚至处理。

点击"文件"→"导出"→"导出视频/媒体",打开"导出媒体"对话框。如图6-51、图6-52所示。

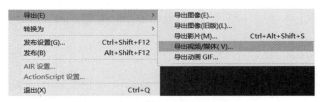

图6-51 打开"导出视频/媒体"命令

图6-52 "导出媒体"对话框

(1)"渲染大小":宽度和高度采用舞台大小设置的宽度和高度值,若要更改渲染宽度和渲染高度的数值,需要相应地修改舞台大小。

(2)"忽略舞台颜色(生成Alpha通道)"复选框:默认为未勾选状态,若勾选表示将使用舞台颜色创建Alpha通道,可以将导出的影片覆盖在其他内容之上,方便更改背景颜色或场景。

(3)"间距":即渲染的范围。可以是"整个影片"、某一个"场景"的帧范围或某个"时间"段。

（4）"格式"：常用的格式有：Quick Time、H.264、GIF动画，在此选择"QuickTime"。

（5）"输出"：设置导出视频的路径。

（6）"立即启用Adobe Media Encoder渲染队列"：勾选此项会打开Adobe Media Encoder进入视频的渲染输出。如图6-53所示。

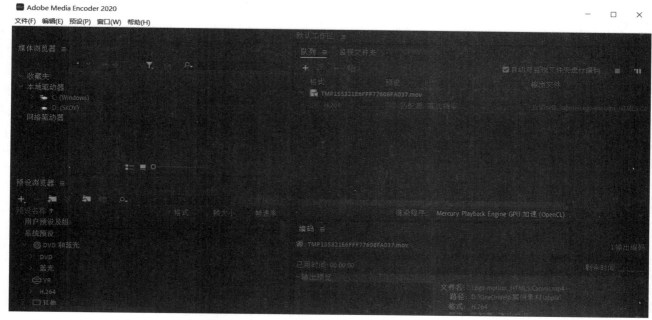

图6-53　Adobe Medica Encoder 2020工作窗口

点击"导出"按钮，将打开Adobe Media Encoder软件进行渲染，输出完成后在Animate CC 2020中将弹出提醒对话框。如图6-54所示。

图6-54　导出成功，提示对话框

第三节 跨软件协同工作案例

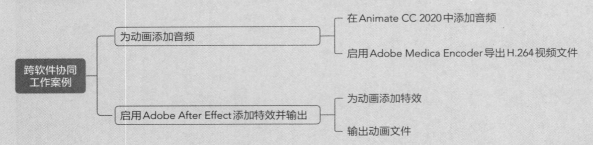

⊙ 学习目标

通过案例分析掌握音频文件的添加、运用Adobe After Effect进行动画效果的基本设置，掌握利用Adobe Medica Encoder进行动画渲染的基本操作。

一、为动画添加音频

（一）在Animate CC 2020中添加音频

打开"Logo-motion_HTML5 Canvas"动画文件，新建"图层_2"，并将图层属性的类型修改为"一般"。如图6-55所示。

单击"文件"→"导入"→"导入到库"命令，选择相应的音频文件导入到库中。如图6-56所示。

图6-56 打开"导入到库"命令

在第39帧插入空白关键帧，并在"帧"属性面板的"声音"选项下选择音频文件"start.wav"。如图6-57、图6-58所示。

图6-55 修改"图层属性"

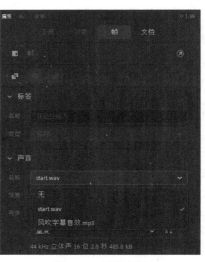

图6-57 选择音频

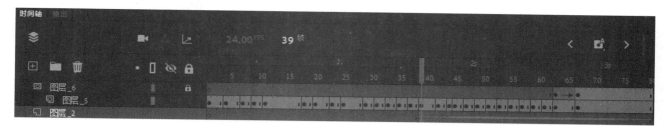

图6-58 音频载入位置

（二）启用Adobe Medica Encoder导出H.264视频文件

单击"文件"→"导出"→"导出视频/媒体"命令，打开"导出媒体"对话框，如图6-59所示。设置"格式"为"H.264"，修改输出的路径和名称，同时勾选"立即启动Adobe Medica Encoder渲染队列"。如图6-60所示。

图6-59 打开"导出视频/媒体"命令

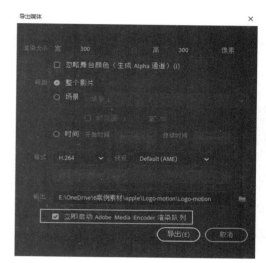

图6-60 "导出媒体"对话框

点击"导出"命令后将启动Adobe Medica Encoder，并完成输出，如图6-61所示。同时在Animate文件中会弹出渲染完成的对话框，如图6-62所示。

图6-61 启动Adobe Medica Encoder

图6-62 导出成功，提示对话框

二、启用Adobe After Effect添加特效并输出

（一）为动画添加特效

打开Adobe After Effect软件，点击"文件"→"导入"命令，打开"导入文件"对话框，如图6-63所示。选择"Logo-motion_HTML5 Canvas.fla"文件，并单击"导入"按钮，如图6-64所示。

"跨软件协同工作"
案例视频教学

在弹出的"导入首选项"对话框中，勾选"Import audio, if present"复选框。如图6-65所示。

在项目面板双击合成"Logo-motion_HTML5 Canvas"，进入合成面板选中"图层_5"添加特效。如图6-66所示。

在"效果和预设"窗口搜索"CC Plastic"，并双击为"图层_5"添加特效。如图6-67、图6-68所示。

调整"CC Plastic"参数，如图6-69所示。效果如图6-70所示。

图6-63　打开Adobe After Effect软件"导入"命令

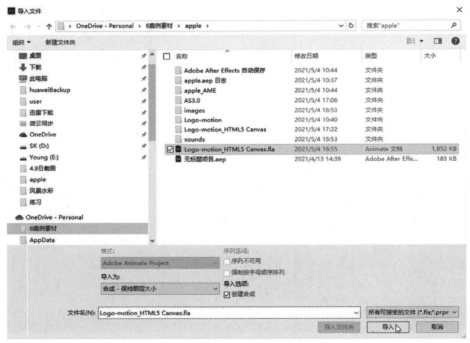

图6-64　"导入文件"对话框

图6-65　"导入首选项"对话框

图6-66　双击项目面板中的合成文件

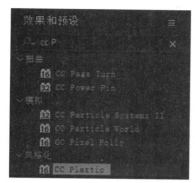

图6-67　"效果和预设"窗口

图6-68　选择"CC Plastic"特效

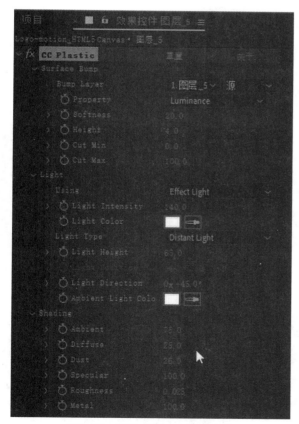

图6-69　调整"CC Plastic"参数

图6-70　"CC Plastic"特效效果图

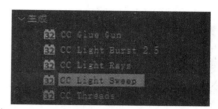

图6-71　选择"CC Light Sweep"特效

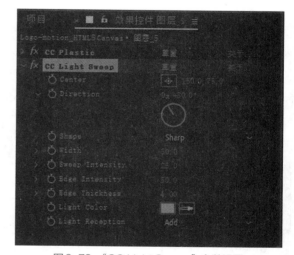

图6-72　"CC Light Sweep"参数设置

图6-73　"CC Light Sweep"特效效果图

在"效果和预设"窗口搜索"CC Light Sweep"，并双击为"图层_5"添加特效，设置参数如图6-71、图6-72所示，效果如图6-73所示。

点击"Center"前面的码表在第1帧、第16帧、2秒20帧、3秒7帧设置中心点移动的关键帧动画，使动画表现出扫光的特效。如图6-74~图6-76所示。

在图层面板单击右键选择"新建"→"调整图层"命令，新建调整图层。如图6-77所示。

为调整图层添加色彩效果，在"效果和预设"面板搜索"色相/饱和度"特效。如图6-78所示。

调整"主色相"参数为"90"。如图6-79所示。

最终效果如图6-80所示。

图6-75 扫光动画关键帧设置

图6-74 扫光动画参数设置

图6-76 扫光效果

图6-77 打开"调整图层"命令

图6-78 选择"色相/饱和度"特效

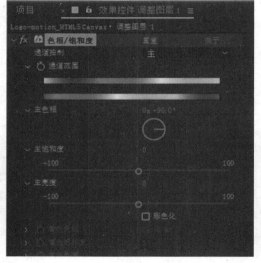

图6-79 "色相/饱和度"参数设置

图6-80 最终效果

（二）输出动画文件

单击"文件"→"导出"→"添加到Adobe Medica Encoder队列"命令，系统将启动Adobe Medica Encoder。如图6-81、图6-82所示。

图6-81 打开"添加到Adobe Medica Encoder队列"命令

图6-82 Adobe Medica Encoder启动页面

图6-83　Adobe Medica Encoder "队列" 面板

图6-84　启动 "导出设置" 对话框

在弹出菜单中可在 "队列" 面板中对输出文件的格式、目录进行设置，在此案例中我们可以选择 "GIF动画" （不带音频效果）或 "H.264" 格式。如图6-83所示。

选择 "匹配源–高比特率"，在弹出的 "导出设置" 对话框中为输出的动画进行参数设置，设置完成点击 "确定"；最后在渲染队列窗口点击绿色的三角图标按钮即可完成输出。如图6-84所示。

案例总结

通过案例掌握Animate中音频的创建、跨平台使用多个软件进行动画的综合编辑，如在Adobe After Effect中添加特效、启用Adobe Medica Encoder进行动画的渲染输出等的基本操作。

本章习题

1. 常用的音频格式有哪些？

2. 如何调节音频的音量和修改播放时间？

3. 哪个命令可以实现背景音乐的连续播放？

4. 常用的视频格式有哪些？

5. 制作一个简单按钮，并为按钮添加音频效果。

6. 常见的图像发布格式有哪些？

7. Mac/Win放映文件发布时会生成哪两个文件？

8. HTML5文件发布练习。

9. 影片导出有哪几种格式？

10. 利用跨软件协同工作为设计的动画添加特效并输出。

【教学资源】

案例操作视频

序号	章	节	案例名称	二维码	页码	序号	章	节	案例名称	二维码	页码
1	第三章	第二节	闪烁的蜡烛		90	8	第四章	第三节	圣诞快乐		135
2			端午节		92	9		第四节	师恩难忘		149
3		第三节	大吉大利		98	10	第五章	第一节	机器人踢球		161
4	第四章	第一节	彩虹圈元件制作		111	11		第二节	剪刀石头布		170
5			时间倒数		119	12	第六章	第一节	为按钮添加声音		188
6		第二节	小红充电		123	13		第三节	跨软件协调同工作		206
7			苹果虫变鱼		124						